KB013559

빛깔있는 책들 ●●●
77

겨울 한복

글 ● 사진 | 뿌리깊은나무

대원사

저자 소개

글 | 목수현, 유선주, 임선주(샘이깊은물 기자)
사진 | 강운구(샘이깊은물 사진 편집위원)
　　　권태균(샘이깊은물 전 사진 기자)

빛깔있는 책들 203-11
겨울 한복

초판 1쇄 발행 | 1989년 12월 26일
초판 8쇄 발행 | 2022년 11월 30일

글·사진 | 뿌리깊은나무
발행인 | 김남석

발행처 | ㈜대원사
주　소 | 06342 서울시 강남구 양재대로 55길 37, 302
전　화 | (02)757-6711, 6717~9
팩시밀리 | (02)775-8043
등록번호 | 제3-191호
홈페이지 | http://www.daewonsa.co.kr

값 13,000원

Copyright ⓒ 1989 By the Deep rooted tree Publishing House

이 책에 실린 글과 사진은 저자와 주식회사 대원사의 동의 없이는
아무도 이용할 수 없습니다.

ISBN | 978-89-369-0077-9 00590 (89-369-0077-3)
　　　　978-89-369-0000-7 (세트)

차 례

겨울 한복

작곡가 박범훈 씨 부부의 나들이옷

중앙국악관현악단 단장이며 중앙대학교 교수인 박범훈 씨와 그 아내인 장순희 씨의 겨울 차림을 소개한다.

박범훈 씨가 입은 밤색 핫두루마기는 마치 북데기 명주와 같은 손맛을 낸 요즈음에 짠 밤색 실크로 겉감을 하고 검은색 공단으로 안감을 했다. 따뜻하라고 명주솜을 얇게 한 켜 두었다. 두루마기에 솜을 두게 되면 심을 넣었을 때보다 몸을 잘 감싸니 보온 역할이 잘 될 뿐만 아니라, 몸과 옷이 따로 놀아 거추장스러울 염려가 없다. 마고자와 조끼는 보랏빛이 많이 섞인 자줏빛 비단으로 지었다. 안감은 같은 색 공단으로 했다. 마고자에는 명주솜을 한 켜 두고 조끼에는 심을 넣어 지었다. 조끼는 보온 역할보다는 주머니를 쓰기 위한 실용적인 역할을 더 많이 하기 때문에 심을 넣어 지었다. 단추는 '자마노' 단추를 달았다. 자마노 단추는 금은방에서뿐만 아니라 웬만한 비단 가게에 가면 옥 단추와 함께 비치되어 있어 천을 끊을 적에 단추도 함께 살 수 있다. 바지저고리는 미색 자미사와 회색 자미사로 지었다. 바지저고리에도 명주솜을 한 켜 두고 안감으로 무명을 넣었다. 무명이어서 촉감도 순하지만 솜을 두어서 따뜻하니 속내를 생략해도 괜찮겠다. 박범훈 씨처럼 핫것으로 두루마

전통 음악을 가르치는 교수 박범훈 씨와 장순희 씨 부부가 한복을 잘 차려입고 '한가
한 나들이'를 해 보려고 서울 동숭동 문예회관 앞에 나섰다.

마고자와 조끼는 보랏빛이 많이 섞인 자줏빛 비단으로 지었다. 안감은 같은 색 공단으로 했다. 마고자에는 명주솜을 한 켜 두었다. 단추는 '자마노' 단추를 달았다. (왼쪽)

조끼는 보온 역할보다는 주머니를 쓰기 위한 실용적인 역할을 더 많이 하기 때문에 솜을 두지 않고 심을 넣어 지었다. (오른쪽)

기와 마고자와 조끼를 지어 입으면 음력으로 소한과 대한이 모두 들어 있는 정월의 동장군도 두려울 바가 아닐 터이다.

장순희 씨의 두루마기와 저고리도 핫것이다. 박범훈 씨의 마고자와 조끼를 지은 것과 같은 비단으로 두루마기를 지었다. 안감도 보랏빛이 많이 섞인 자줏빛 공단으로 지었다. 반회장저고리는 흰색 명주로 고름과 끝동을 달았다.

흰색은 예부터 우리나라 사람들이 쉽게 입던 옷 색이지만, 화학 물감이 발달되면서 그리 많이 사용하지 않았었다. 그러나 유채색 저고리를 흔히 보다가 다시 흰색 저고리를 만나게 되면 저절로 흰색 저고리의 단아한 맛에 고개가 끄덕여진다.

치마는 붉은 기운이 많이 도는 짙은 보라색 명주로 지었으니 흰 저고리와 보라색 치마, 붉은 자주색 고름과 끝동의 색 갖춤이 전통에 크게 벗어나지 않으면서도 매우 현대적이다.

장순희 씨의 치마가 소담스러운 항아리 모양으로 부풀어 보이는 까닭은 속옷을 잘 갖추어 입었기 때문이다. 그이는 광목으로 지은 속바지와 단속곳을 입고 난 뒤에 "이제까지 속치마만 입어 보다가 가슴께를

장순희 씨의 치마가 소담스러운 항
아리 모양으로 부풀어 보이는 까닭
은 속옷을 잘 갖추어 입었기 때문
이다. 그이는 광목으로 지은 속바
지와 단속곳을 받쳐 입었다.

잘 여미고 감싸서 입는 속바지와 단속곳을 입으니 단련이 될 때까지는
좀 불편하겠지만 옷태는 속치마 입을 적과 견줄 수 없을 정도로 훌륭하
다."고 흡족해 했다.

요즈음에 여느 바느질집에서 지어 주는 한복도 전통적인 한복과 매
우 가까워지고 있으나 다만 저고리의 깃과 고름과 동정만 조심해서 지
었으면 좋겠다. 속이 훤히 드러나 보이는 늦고(느슨하고) 좁은 깃, 넓고
긴 고름, 야광 빛 도는 동정은 전통적인 저고리의 긴장감이 있으면서도
도담스러운 맛을 반감시킨다. 넓게 해서 바투 지어 목을 감싸는 듯한
것, 짧고 좁은 고름, 흰 명주 속에 한지를 붙여 단 동정을 한 전통적인 저
고리가 그렇게 짓지 않은 것보다 얼마나 포근한 느낌을 주는지는 견주
어 보아야 알 수 있다.

화가 송영방 씨의 **나들이옷**

　동양화가인 송영방 씨는 음력설을 맞아 요새 흔히 길에서 보이는 대로 요란한 무늬가 있거나 빛깔이 찬란한 것 말고 가라앉은 빛깔의 옷감을 찾아 여기저기 돌아다니다가 모처럼 보아 반가운 '꼰사'로 우선 바짓감 네 마와 저고릿감 세 마를 한 가게에서 떴다. 비단의 씨올을 여러 겹의 명주실로 꼬아서 짰다고 해서 꼰사인 이 비단은 감촉이 부드러우면서도 톡톡해서 육이오 전까지도 늦가을·겨울·초봄의 남자 바지, 저고릿감으로 많이들 좋아했다. 그리하여 그는 바지는 엷은 회색 감, 저고리는 베이지색 감을 골라 지어 입기로 했다. 송영방 씨는 또 그 가게에서 마고자·조끼감과 두루마깃감도 떴고, 이 옷들과 바지저고리의 안감도 떴다.

　마고자와 조끼의 감으로도 '꼰사'를 택했다. 딴것을 고를 생각도 해봤으나, 마침 검자주색 꼰사가 있어서 그랬다. 그는 자기가 코흘리개였을 때 어른들이 흔히 자주색 마고자를 즐겨 입던 것이 머리에 떠올랐던 것이다. 그리고 이것들은 그보다 먼저 장만한 검은 가지색 마고자와 조끼와 곁들여 입기에도 안성맞춤이다.

　그가 지어 입은 마고자에는 늘 풀솜이 얄팍하게 놓여 있다. 풀솜이란 누에고치 둘레에서 나온 거친 명주실로 된 명주솜을 말한다. 이 솜을 둔

진한 밤색 수직으로 지은 누비 두루마기를 입은 송영방 씨. 골을 배게 박은 그의 누비 두루마기는 요새 사람들 눈에 얼핏 '캐쥬얼'한 느낌도 주어서 3월에 들어서서도 쌀쌀한 저녁에 나들이할 때 그는 자주 이 누비 두루마기를 챙겨 입는다.

해방 전의 남자 두루마기 겉감은 집에서 짠 검정물을 들인 무명이고 안감은 얇은 옥색 물을 들인 '손주', 곧 손으로 짠 명주이다. 요새 유행한다는 두루마기처럼 서양 오버를 닮아 겉감이 안으로 돌아 들어가 있지 않고 안감과 겉감이 섶 끝에서 만난다.

옷은 구김이 잘 가지 않아 장에 넣어 두었다가 꺼내어 입어도 구김살이 적어 옷태가 잘 살아난다. 요새 흔히 겉감과 안감 사이에 '싱'이라는 것을 넣고 남자의 마고자, 저고리, 두루마기 들을 지으나 그는 그것을 되도록 피하고자 한다. 몸을 움직이거나 옷을 만지면 "바삭바삭" 소리가 나는 것도 반갑지 않으려니와 우선 옷 입은 맵시가 태가 덜 난다. 옛날식으로 다하자면—비록 조끼는 힘이 없으면 처지므로 '싱'을 넣어야 한다

요새 흔히 보이는 남자 한복이 깃이 늦은 것과는 달리 그가 입은 옷은 깃이 옛날식으로 밭다. 동정도 옛날식으로 넓고 무디다. 동정감은 옛날 것처럼 상아빛이 도는 소색(자연색) 명주이다.

손 치더라도 – 저고리와 바지에까지 무명 솜이나 풀솜을 두어야 했지만, 추가 경비는 우선 그만두고라도 솜이 밀리는 수가 있어 조심스레 드라이클리닝 시켜야 할 걱정 때문에 마고자에만 풀솜을 둔 것이다.

송영방 씨의 두루마기깃감은 진한 밤색 '수직'이다. 흔히 여느 비단 가게에서는 그런 감을 손으로 짠 것이라 말하지만, 그것은 꽤 현대식 기계의 입김이 많이 들어간 일본식 베틀로 짠 것으로 보면 된다. 그는 날은 고르고 씨는 좀 울퉁불퉁한 듯한 그 '수직' 천을 풀솜을 두고 누벼 두루마기를 지었다.

누비옷은 늘 그의 마음을 사로잡는다. 어렸을 적에 그를 감싼 포대기가 누비였고, 그를 업은 어머니·할머니의 겨울 저고리가 누비였기 때문일지도 모른다. 골을 배게 박은 그의 누비 두루마기는 요새 사람들 눈에 얼핏 '캐쥬얼'한 느낌도 주어서 꼭 점잖은 자리만이 아니더라도 만만히 입어 봄 직하다.

그가 지어 입은 누비 두루마기도 오랜 전통을 이어받은 것이다. 일찍이 조선시대에도 두루마기의 전신이랄 수 있는 직령이 흔히 누비옷이었음을 우리는 역사의 유물에서 확인한다. 일정시대에도 해방 뒤로도 많은 남자가 누비 두루마기를 지어 입었다. 이 전통은 오늘날까지도 흔히 스

풀솜을 얄팍하게 둔 마고자. 요새 흔히 겉감과 안감 사이에 '싱'이라는 것을 넣고 마고자를 지으나 송영방 씨는 그것을 되도록 피하고자 한다. 몸을 움직이거나 옷을 만지면 "바삭바삭" 소리가 나는 것도 반갑지 않으려니와 우선 옷 입은 태가 이보다 못하기 때문이다. (왼쪽)

풀솜을 둔 그의 마고자는 구김이 잘 가지 않아 장에 넣어 두었다가 꺼내어 입어도 구김살이 적어 옷태가 잘 살아난다. (옆 왼쪽)

조끼는 저고리보다 좀 더 길어야 되고, 저고리의 동정은 조끼 밖으로 보여야 하고, 저고리의 고름은 조끼 속에 감추어져야 한다. (옆 오른쪽)

님들의 두루마기에 이어지고 있다. 다만 송영방 씨가 지어 입은 두루마기는 골이 배게 박혀서 골을 듬성듬성하게 손으로 박은 조선시대의 누비 직령이나 스님의 누비 두루마기와 다르다. 또 송영방 씨의 두루마기는 고름이 제대로 달렸으니 일정시대와 해방 뒤로 남자들이 즐겨 입던 신식 두루마기, 곧 고름 없이 단추나 매듭으로 매던 두루마기와 다르다.

그는 이번에 지은 모든 옷의 안감을 공장에서 대량으로 짜 값이 싼 얇은 평직 명주로 댔다. 흔히 화학 섬유나 인조견 같은 것을 쓰기도 하나 돈이 크게 절약되는 것도 아닐 뿐더러 어쩐지 가짜스러워 싫었다. 또 옛날처럼 무명이나 광목·당목 같은 것, 곧 요즘식으로 말하자면 코튼으로 안감을 댈 생각도 해 봤으나—옷이 더러워질 때마다 낱낱이 뜯어서 안감과 겉감을 따로따로 빨래하여 풀먹여 다듬이질하고 홍두깨에 올리고

하여 다시 바느질하여 입을 수 있는 세상은 적어도 그에게는 이미 지나
갔다고 생각되어—드라이클리닝 시킬 때에 안감의 때도 쏙 빠지게 하려
고 코튼을 쓰지 않았다.

　송영방 씨가 차려입은 저고리와 두루마기는 특히 깃과 동정이 눈여
겨볼 만하다. 요새 흔히 보이는 남자 한복이 깃이 늦은—길게 축 늘어
진—것과는 달라 그가 입은 옷은 깃이 옛날식으로 밭다. 거기에다가 요
새 흔히 보이는 남자 한복의 깃 위에 달린 동정이 좁고 끝이 뾰족하게
'브이'자 꼴을 하고 있는 것하고는 달리 그의 동정은 옛날식으로 믿음직
스럽게 넓고 겉동정이 속동정을 살포시 밖으로 벗어나서 좀 무디게 달
려 있다. 그런가 하면 그의 동정감은 희다 못해 푸르러 보이는 기성품
동정감이 아니라 옛날 것처럼 상아빛이 도는 소색(자연색) 명주이다. 또

그 동정은 칼날같이 딱딱한 마분지를 눈에 보이는 부분에서만 감싸고 깃 뒤로 넘어가서는 홑으로 달려 있는 것이 아니라 보드라운 한지를 깃 안팎에서 두루 감싸고 있는 다소곳한 것이다.

요즈음 남자들이 한몫에 맞추어 차려입는 한복을 보면, 분홍색 마고자를 입은 사람이 있는가 하면 회색 바지에 빨간색 대님을 맨 사람도 있다. 이런 이들은 송영방 씨가 동양화가의 눈썰미로 고른 이 한복 차림의 무난한 색의 조화를 한번 눈여겨보아 두었으면 한다. 특히 대님은 반드시 바지와 색의 흐름을 맞추어 주어야지 그러지 않으면 한복의 품위를 떨어뜨리는 것은 말할 것도 없고 나아가서 입은 사람의 품위까지 떨어뜨리게 된다.

대님의 길이도 소홀히 할 것이 아니다. 대님은 발목에 두 번 돌린 다음에 매어야 하는데 길이가 알맞지 않으면 세 번을 돌려야 하고, 아니면 두 번 돌리고 끝이 많이 남게 매는 꼴이 된다. 남자 어른의 바지라면 자 여섯 치로 길이를 잡으면 대체로 딱 보기 좋게 맬 수 있다.

한 가지 덧붙인다면, 버선까지 갖추어 신는 것은 이제 바랄 수 없는 일이니 양말을 신되, 양말의 무늬가 요란한 것을 신어 잘 입은 한복 마무리를 망치지는 말았으면 하는 것이다. 저고리 안에 입은 양식 메리야스 내의가 양복 소매보다 너른 저고리 소매 밖으로 나오는 것, 옷깃 위로 내의의 둥근 목둘레가 올라오는 것 들도 한복을 입을 때마다 잊지 말고 단속해야 할 점이다.

박씨 부인의 **겨울 차림**

딸 둘, 아들 하나의 어머니인 박순자 씨가 지어 입고 구정을 쇤 따뜻한 겨울 한복 차림을 소개한다. 치마저고리는 **빳빳한** 손맛이 나게 짠 명주(주단집에서는 '실크 방초'를 찾으면 안다.)로 지었고, 두루마기는 비단 중에도 도톰하고 윤기가 돌아 고급 천에 드는 양단으로 지었다.

우선 치마저고리를 보자. 저고리는 옥색에 밝은 자주색으로 깃, 끝동과 고름을 단 반회장저고리이고 그 밑에 가지색 치마를 받쳐 입었다. 밝은 자주색 고름이 옥색 저고리와 가라앉은 가지색 치마의 빛깔 둘과 잘 어울린다.

박순자 씨가 입은 저고리의 고름을 잘 살펴보면 요새 흔히 입는 저고리에 견주어 그 폭이 좁고 길이도 짧음이 눈에 띌 것이다. 한복집에 가서 지을 적에 다른 이들 저고리 지을 때보다 고름을 좀 짧고 폭 좁게 하여—따라서 폭을 넓히려고 다는 쪽에서 '배부르게' 곡선을 이루지 말고 길게 펴보아 직사각형이 되게—지어 달라고 당부해서 그렇게 되었다. 앞으로 옷 새로 지으러 갈 사람에게도 고름을 그렇게 달라고 귀띔해 둔다. 그렇게 지은 저고리 고름을 매어 보면 고름 폭이 넓어 두툼하고 평퍼짐하게 고가 지어지는 흔한 한복 고름의 모양새보다 훨씬 더 보기가

좋게 여며지고 길이도 치렁치렁하지 않아 아주 작은 변화로 한복 저고리 맵시를 크게 돋우게 되었음을 알게 될 것이다.

치마의 길이도 마찬가지이다. 옷 지으러 가서 바느질할 이에게 치마 길이를 적을 적에 고무신 신고 입어 고무신에 치맛자락이 밟히지 않도록 길이를 맞추어 달라고 미리 당부하는 게 좋다. 기왕에 한복을 잘 지어 입을 마음이라면 하이힐 신어 키를 돋우던 평소의 버릇은 접어두고 (또 한복이 결코 키 큰 사람을 더 좋아하는 옷도 아니니) 고무신 신어 치맛자락이 끌리지 않을 길이로 치마를 짓는 것이 현명하다.

박순자 씨는 양단 두루마기에는 풀솜, 곧 명주솜을 두어 솜두루마기를 지었다. 한복 일감 중에 가장 손 많이 가고 공들여야 하는 일감 하나인 솜 두는 법은 이렇다.

우선 명주솜이 질이 좋아 말을 잘 들어야 애를 덜 먹는다. 곧 솜 더미가 김처럼 켜켜로 잘 일어야 질이 좋은 솜이고 다루기가 쉽다. 켜켜로 얄팍하게 인 솜 한 켜 한 켜를 돗자리에 눕힌 뒤에 돌돌 말아 꼭꼭 밟아 솜이 뭉친 데 없이 반반히 눕도록 한다. 그렇게 반대기를 잘 지어 놓아야 옷에 둔 뒤에 천 속에서 솜이 몰리거나 밀리지 않는다. 두루마기의 안안팎 솔기를 박아 뒤집기 전에 등솔, 어깨솔, 두루마기의 무 같은 솔기들에 풀칠을 '동금동금'(풀이 한군데에 흥건히 묻지 않게)한 뒤에 반대기 지은 솜을 놓는다. 그러고나서 솜이 혹시라도 밀리지 않게 솔기마다 겉감과 같은 빛깔의 명주실로 드문드문 시침을 뜬다.

솜 두어 짓는 옷에도 두 종류가 있으니 곧 솜옷과 누비옷이다. 누비느냐 그냥 솜을 두느냐는 옷 지을 천에 따라 정한다. 곧 무명같이 물빨래

윤기 도는 벽돌색 양단 두루마기를 입은 박순자 씨. 두루마기 안에 솜을 두었다.

밝은 자주색으로 단 깃, 끝동, 고름이 옥색 저고리와 가지색 치마의 빛깔 둘과 잘 어울려 돋보인다. 삼회장저고리나 반회장저고리를 지을 적에는 이렇게 회장감으로 제삼의 빛깔을 고르는 것이 좋다.

를 할 수 있는 천이라면 촘촘히 누벼 짓는 것이 빨아 입을 수 있는 실용적인 두루마기를 만들 수 있어 좋고, 명주라면 어차피 물빨래는 하지 않기 쉬우니─명주 누비, 특히 풀솜 두어 누빈 누비는 물빨래에 줄어드니, 꼭 물빨래해서 입으려면 좀 낙낙하게 지어야 한다.─누벼 지을 수도 그냥 지을 수도 있다.

옥색에 밝은 자주색으로 깃, 끝동, 고름을 단 반
회장저고리. 천은 빳빳한 손맛을 살린 명주이
다. (왼쪽)

치마허리를 전통을 따라 흰 옥양목으로 대었다.
바짝 치켜 매었을 때 얼핏얼핏 그 흰 치마허리가
보일락 말락 한다. (오른쪽)

　박순자 씨는 이 옷들을 지을 때 본디는 저고리에도 솜을 두어 지으려
했었다. 그런데 치마저고리에 두루마기까지 한 번에 정장으로 갖추어
입게 될 터인데 그러면 솜저고리에 솜두루마기가 겹쳐져 좀 둔한 느낌
이 들 듯했다. 그래서 솜두루마기 안에 주로 입게 될 저고리는 솜은 안
두기로 하고, 겨울 명주 저고리에는 으레 옥양목이나 무명 안감을 넣던
전통 따라 목공단 안감을 넣어 지었다.

　두루마기를 입을 때는 치맛자락을 치켜들듯이 감아 올려서 허리끈으
로 살짝 맨 뒤에 입는 것이 좋다. 그렇게 하면 센 겨울바람 속에 외출을
하더라도 치마 속으로 바람도 덜 들고 치맛자락이 날리지도 않는다. 또
두루마기의 옆선은 치마와는 달리 무가 덧대어져 있어 좀 옆으로 퍼져
있으므로 그 밑으로 보이는 치맛자락이 잘 휘말려 있어야 조화되어 더
보기 좋다.

김영수 씨의 **뚜가리 명주 두루마기**

반포에 사는 김영수 부인의 뚜가리 명주 두루마기를 소개한다.

요즈음처럼 모피가 드물지 않은 물건이 되어 겨울이면 누렇거나 검은 모피 외투들이 거리에 가득할 때에 꽃자주색 뚜가리 명주로 지은 두루마기에 흰 명주 목도리를 접어 매고 길에 나서면, 그보다 더 소담스레 돋보이는 겨울 차림새가 어디 있을까?

본디 남자들만이 입던 두루마기는 역사가 그리 오래된 옷은 아니다. 조선 시대 고종 때까지 남자는 대체로 옆이나 뒤가 터진 창옷이나 중치막이나 도포 같은 웃옷을 입었었는데 이들이 두루마기와 맥이 닿아 있는 웃옷이다. 두루마기를 본디 뜻에 맞게 적자면 '두루막이'이다. 터진 곳이 없게 두루 막은 옷이라는 뜻에서 붙은 이름이다. 최남선의 『조선상식』을 보면, 옛날 남자 웃옷은 양 옆구리 밑에 무가 있나 없나에 따라서 나뉘는데, 무가 없이 폭이 셋으로 따로 도는 '창옷'에 견주어 무로 폭이 두루 휘돌아 막힌 웃옷을 '두루마기'라 부른 것이라 한다. 다시 말하면 두루마기는 창옷, 곧 소창의에 무를 달아 옆구리를 막은 옷이다. 두루마기는 고종 21년 갑신년에 나라에서 너른 소매가 달린 것을 비롯해서 여러모로 거추장스런 남자의 웃옷들을 금하자 창옷, 중치막, 도포 같은 것

나들이 채비를 한 김씨 부인. 예사 모임엔 양장으로 얼굴을 내밀다가도 정작 벼르는
자리에만은 색 맞춘 한복 차림을 하고 앉는 편인지라 어머님 칠순 생신을 앞둔 김씨
부인이 큰맘 먹고 지어 입은 옷이다.

을 대신하는 개량 옷으로 두루 입히게 되었다. 다만 출토된 무덤들의 유물로 보면, 두루마기가 그전에 전혀 없었던 것만은 아니다.

남자의 두루마기는 이렇듯 복식 제도가 입기 편한 쪽으로 바뀌어 가면서 만들어진 약식 예복으로서 바깥출입을 할 때 입을뿐더러 집안에서 손님을 맞을 때도 갖추어 입어야 하는 겉옷이었다. 제례를 위해서는 여름에도 모시 두루마기를 차려입었으며, 특별히 동지에는 자주색 두루마기를 입고 제사를 모셨다. 그러나 여자의 두루마기는 그 쓰임새가 남자의 두루마기와는 많이 다르다. 한말 전까지는 양반집 규수에서 여염집 아낙네에 이르기까지 옷을 갖추어 입고 남 앞에 나설 일은커녕 문밖에 나다니는 일부터가 드물어서 예를 차리기 위한 웃옷이라는 것을 마련할 일이 없었다. 남자들의 웃옷이 창옷·중치막·도포 같은 것에서 두루마기로 바뀌기 시작할 즈음에도 여염집 아낙네들은 문밖으로 나서려면 쓰개치마나 장옷이나 처네를 머리에서부터 덮어쓰고 겨우 눈만 빼꼼히 내놓은 채로 종종걸음을 하는 것이 고작이었고, 양반집 부녀자가 나들이할 때면 치마저고리 차림 그대로 대청마루에서 가마에 올라타 가는 집 대청마루에서 내렸으니 한길 바람을 쏘일 일조차 없었기 때문이다. 그런가 하면 조선 전기의 출토 유물들 가운데는 직령의가 여자의 옷으로 끼어 있기도 하다. 이 포는 겉섶과 안섶이 모양과 크기가 똑같은데, 우연인지 서로 맥이 닿아 있는지는 몰라도 조선 후기의 장의가 이와 닮았다.

개화기에 이르러 여자들의 바깥나들이가 잦아지고 활동이 자유로워지자 여자들에게도 가리개를 넘어서는 쓰임새와 모양새를 지닌 겉옷이 필요하게 되었다. 그리하여 보기 좋은 깃매무새, 고운 빛깔, 따습기 들을 헤아려 양반, 여염집 아낙 할 것 없이 남자들처럼 두루마기를 지어 입기 시작하였으니 여자들의 두루마기는 일정시대에 이르러 널리 퍼졌다.

철에 맞게 두루마기를 지어 입으려면 어떤 감을 뜨면 될까? 겨울을

대나 단단한 나뭇가지의 양 끝에 끈을 매어 벽에 달아 매어 두고 옷을 걸
때 쓰는 전통 옷걸이가 횃대이다. 횃대에 옷을 걸면 고름이나 동정을 반반
히 간수할 수 있어 좋다. 요즈음에는 횃대가 보기 드문 옛 물건이 되어 그
냥 빈 채로 벽에 걸어 두기만 해도 볼거리가 될 듯하다.

반회장 연두 저고리에 남치마를 받쳐 입은 김씨 부인. 한복을 이처럼 반듯하게 차려입고 웃웃으로 서양 코트를 걸칠 수야 없지 않을까?

나기 위해 두루마기를 한 벌 마련할 마음을 먹었다면 안팎을 명주로 하여 얄팍하게 솜을 두어 솜두루마기를 해 입으면 좋다. 본견 안팎 두루마기 사이에 솜을 두면 따뜻한 것은 말할 것도 없거니와 장롱에 접어 두어 눌렀더라도 꺼내 다리면 보송보송 솜 기운이 살아나서 새 옷 같아진다. 해방 전후까지만 해도 따습기를 더하고 싶으면 안에 애양털을 댄 갖두루마기나 검은 쥐·수달피·담비 가죽을 이어서 댄 잘두루마기를 지어 입었다. 광목을 두루마기 겉감과 똑같이 말라 촘촘히 애양털 또는 쥐·수달피·담비 가죽을 붙인 다음에 이것을 양단 안감에다 시치는 것이 갖두루마기나 잘두루마기 짓는 법이다. 서양 사람들이 고깃덩어리를 통째로 익혀서 칼로 뚜걱뚜걱 잘라 먹지만 우리는 갖은양념으로 그

것을 아기자기하게 조리하여 보기도 좋은 음식으로 만들어 먹듯이, 서양 사람들은 밍크며 수달피를 생긴 모양대로 기름만 빼고 가공하여 목에다 휘감거나 여러 마리 이어 붙여 코트를 만들어 뽐내며 입지만 우리는 동물 털을 빌어 옷을 짓더라도 고운 비단 뒤에 감추어 두어 털을 드러내지 않았고, 드러낸다 해도 두루마기 가장자리를 담비 털로 테 두르는 얌전한 꾸밈에 그쳤다.

그 밖에도 여자나 남자가 입는 두루마기로 모시를 다듬이질해서 지은 겹두루마기·박이두루마기·무명 겹두루마기 같은 것들이 있으니, 철 따라 두루마깃감이나 바느질법이 가지가지다. 특히 봄에는 물 안 들인 하얀 무명 겉감에 옥색 물들인 명주로 안감을 넣어 겹두루마기를 지어 입으면 봄볕과 잘 어울린다. 그리고 두루마기가 널리 퍼진 일정시대부터 여자들은 겨울에 비단 두루마기를 지어 입었으니, 빛깔과 질감이 호화로운 것은 말할 나위도 없다.

두루마기를 입을 때는 꼭 치마폭을 허리띠로 당겨 올리는 듯이 폭 싸여민 뒤에 입어야 모양이 예쁘다. 두루마기의 알맞은 길이는 무릎과 복사뼈 사이를 셋으로 쳐서 둘 만큼 내려가는 길이인데, 한 한복집 할머니의 똑떨어진 셈법으로는 이녁 키에서 네 치 닷푼을 빼면 알맞은 두루마기 길이가 나온다고 한다.

두루마기도 저고리처럼 깃이 반듯하고 요새 수준으로 말하자면 밭은 것이 생명이다. 목도리를 두르지 않은 채로 거울 앞에 섰을 때 저고리 깃과 두루마기 깃이 어긋남 없이 포개져야 한다. 또 한 가지, 두루마기만이 지닌 아름다움은 색이 다른 겉감과 안감이 섶 가장자리에서 마주쳐서 어쩌다 바람이 불어 섶이 살짝 뒤집히면 겉감 색 명주실로 시침질을 해서 처짐없이 반반한 안감의 빛깔이 살짝살짝 엿보이는 것이다. 그러나 요즈음의 두루마기는 겉감이 안으로 꺾여 들어가 겉감과 안감이

두루마기도 저고리를 따라 요즈음 수준으로 말하자면 깃이 받아야 한다. 두루마기를 입고 거울 앞에 섰을 때 저고리 깃과 두루마기 깃이 어긋남 없이 포개지면 잘 된 깃매무새이다.

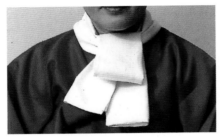

두루마기 깃 위에는 무얼 두르면 좋을까? 두루마깃감의 자투리를 이용해서 양 끝 올을 뽑아 목도리를 만들어 두르기도 하지만 흰 명주 석 자쯤을 끊어 반으로 접어 박음질하여 두르면 제격이다.

왼손 무명지에 낀 해묵은 쌍가락지는 김씨 부인이 한복을 갖추어 입을 때면 꺼내어 끼는 장신구이다.

두루마기 안감은 겉감색 명주실로 시침질을 하여야 처짐 없이 반반하다. 어쩌다 바람에 섶이 살짝 뒤집히면 안감의 빛깔이 살짝살짝 엿보이는 것은 전통 두루마기가 지닌 멋에 든다.

안에서 만나기 때문에 그런 멋을 잃어 버렸다. 다만 그렇게 함으로써 안주머니를 낼 수 있는 편리함이 멋을 잃고 얻은 것이기는 하다. 본디 두루마기에는 찬 바람으로부터 손을 감추도록 손을 넣기 좋을 만한 자리쯤에 무를 터서 아귀를 만들었는데 꼭 주머니를 두고 싶으면 이 아귀 밑에 감을 대어 만들었다.

두루마기 깃 위엔 무얼 두르면 좋을까? 두루마기를 짓고 남은 감을 이용해서 양 끝 올을 뽑아 목도리를 만들어 두르는 이가 요새 많으나 흰 명주 석 자쯤을 끊어 반으로 접어 박음질하여 두르면 제격이다. 또 '은호'라 부르는 여우 목도리를 양단 두루마기 위에 두르는 것이 흔한 모습이던 지난날도 있었다.

겨울옷으로는 두꺼운 것을 한 겹 입기보다 여러 겹을 차곡차곡 껴입어야 더 따뜻하다. 옷이 따뜻한 공기를 많이 품기 때문이다. 그리고 따뜻한 공기를 많이 품기로는 겨울 솜두루마기나 갖두루마기나 잘두루마기만한 외투가 없다. 두 겹 명주만으로도 따뜻한데 털이나 솜이 덧대어 있으니, 이런 두루마기는 둔하기 짝이 없는 양식 털 코트와 따습기를 견줄 바가 아니다. 동물 꼬리가 대롱대롱 매달린 스톨을 한복 저고리 위에 추위막이로 두르거나, 털실로 성글게 짠 케이프로 저고리를 휘감거나, 밍크 반코트를 저고리 위에 껴입어 그 양식 소매통 속에서 고운 배래기가 구겨지는 수난을 당하게 하지 말고 비단 두루마기를 한번 잘 지어 입어 보자.

신상순 씨의 솜두루마기

　세상에서 가장 호화로운 빛깔은 무엇일까? '비단 장사 왕서방'이 팔러 다니던 중국 비단이나 옷 욕심 많은 여자의 눈과 마음을 꼬이는 요새 '실크' 천들이나, 포목점에 널린 값싸고 자극스런 화학 섬유의 독한 빛깔보다 더 호화로운 빛깔이 하나 있다. 물 안 들인 명주 천의 소색이 바로 세상에서 가장 호화로운 빛깔이다. 억지가 없어 보는 이의 눈을 지치게 하지 않고, 입은 사람이 '날개'에 치이게 만들지도 않고, 그러면서도 입고 거리에 나서면 사람들이 멀찌감치서 슬금슬금 한 번 더 보고 지나가게 하는 옷 빛깔이 소색이다. 소색이란 빛깔은 가장 호화로우면서도 가장 눈을 편안케 해 주는 빛깔이다. 곧 천연의 빛깔이다. 우리가 흔히 보는 흰색 천은 얼핏 쳐다만 보아도 눈이 사로잡히도록 희라고 푸른 기운을 섞어 놓은 것이기 쉽다. 그러나 소색은 푸른 기운이 스며 억지로 하여 보이는 빛깔이 아니라 그냥 누릇누릇하게 흰 빛깔이다.

　인공 감미료의 요술로 맛과 향기를 보태고 불린 요새 음식에 넌더리가 난 사람들이 일부러 찾는 음식이 깡보리밥에 된장찌개가 되었듯이 너무나 현란한 빛깔이 온 거리에 들끓으니 이제는 차라리 별 탈 없이 희

보는 이의 눈을 지치게 하지 않고, 그러면서도 입고 거리에 나서면 멀찌감치서 슬금슬금 한 번 더 보고 지나가게 하는 옷 빛깔이 소색이다.

이 두루마기를 지은 천인 북데기 명주. 묵줄 명주라고도 부른다. 누에고치의 거친 거죽 부분에서 나온 실로 왔기 때문에 드문드문 눈에 띄게 거친 씨실이 도드라져 있다. 손으로 짠 천이라 결이 매끈하지 않다.

기만 한 빛깔이 사람의 눈을 붙드는 빛깔이 되었다.

전통 자수 연구인인 신상순 씨가 입은 손명주 두루마기가 그런 빛깔을 지닌 옷이다.

신상순 씨의 두루마기는 손명주 두 겹 사이에 풀솜을 얇게 놓은 솜두루마기이다. 손으로 짠 천은 기계로 짠 천보다 결이 매끄럽지 못하다. 게다가 이 두루마기를 지은 천은 누에고치의 거친 거죽 부분에서 나온 실로 짰기 때문에 드문드문 눈에 띄게 거친 씨실이 도드라져 있다. 이런 천을 '묵줄 명주' 또는 '북데기 명주'라 부른다. 이 천은 결코 고급에 드는 명주라고 말할 수 없다. 그러나 기계에 물린 요새 사람들에게는 손이 닿은 서툰 흔적이 거친 데 없는 매끄러움보다 오히려 더 세련되어 보이지 않나? 그래서 사람 손 놀리고 기계와 '자동화'만 좇던 한때가 지나자 손솜씨의 귀함을 사람들이 뒤돌아보고 깨닫기 시작하여 천이나 음식이나 손으로 만든 것에 으뜸의 자리를 돌리게 된 것이겠다.

두루마기 안에 놓은 풀솜은 누에고치 둘레에서 나온 거친 명주실을 켜서 만든 명주솜이다. 풀솜말고 목화를 켜서 만든 무명 솜이 예부터 솜으로는 더 널리 쓰였으나 지금은 무명 솜보다 풀솜이―하기야 화학 섬유로 된 가짜 풀솜이 훨씬 더 흔하기는 하지만―더 흔하게 쓰인다. 이 두루마기에 풀솜 놓은 이의 말에 따르면 무명 솜보다는 풀솜이 힘이 있어 더 반반히 놓이고 옷태도 더 잘 내어 준다고 한다.

그는 전통 한복의 으뜸가는 맵시는 밭은 깃 매무새에 있다고 여긴다. 그래서 양식 오버코트를 입을 때와는 달리 두루마기를 입을 때 깃 위에 무얼 두르는 일이 없다.

본디 방법으로 제대로 공들여 옷 세탁을 하려면 이 두루마기는 안팎의 천을 뜯어내어 잿물에 빨고 다듬고 홍두깨에 올려야 한다. 그러나 요새는 그렇게 하지 않아도 된다. 드라이클리닝의 힘을 빌리면 뜯어 빨아 다듬고 홍두깨에 올려 다시 지은 것만은 못해도 옷태 안 상하게 말끔히 세탁할 수가 있다. 다만 세탁소 주인에게 새 기름을 써 달라, 기계에 넣지 말고 손으로 해 달라 하고 당부해야 한다.

신상순 씨는 솜 둔 옷 맛을 알아서 두루마기뿐만 아니라 저고리에도 솜을 곧잘 놓아 짓는다. 물론 솜 놓은 두루마기를 입을 때야 안에는 그냥 겹저고리를 입지만 솜 안 놓은 두루마기를 입을 때는 솜 놓은 양단 겹저고리를 입곤 한다. 아주 추울 때는 솜두루마기 밑에 솜저고리를 입기도 하나, 그렇게 하면 아무리 솜을 얇게 놓았다고 하더라도 솜 놓은 옷 두 가지가 겹치니 아무래도 어깨선이 두툼해 보여 맵시가 적다.

요새는 여자 두루마기의 쓰임이 거의 겨울철에 한복 입을 때 껴입는 나들이 외투에 머물게 되었으나 조선시대에 맞닿은 일정시대부터 육이

양단 치마저고리를 입은 신상순 씨. 저고리는 두 겹 양단 사이에 솜을 얇게 둔 솜저고리이다.

오 전후까지의 옷 예절로 보면 두루마기는 지금의 웃저고리만큼이나 흔히 갖추어 입어야 하는 옷이었다. 그러니 두루마기 바느질법도 철 따라 달랐고, 천도 마찬가지로 철마다 달랐다. 여름에는 쟁친 생모시나 항라 같은 얇고 바람 잘 통하는 천으로 박이두루마기를 지었고, 봄·가을에는 익히고 다듬은 모시로 홑단두루마기를, 이른 봄이나 늦은 가을에는 명주나 옥양목이나 무명으로 겹두루마기를, 한겨울에는 솜을 놓은 솜두루마기를 지었다.

철철이 두루마기를 장만할 만큼 한복 입기에 길든 사람은 적다 하나, 한겨울은 다른 철에 견주면 그래도 한복 입은 이를 길에서 덜 드물게 볼 수 있는 철이다. 저고리 깃과 두루마기 깃이 반듯하게 포개진 보기 좋은 두루마기 차림에 양쪽 옆의 무를 터서 만든 아귀 안에 손을 감춘 한국 부인의 모습이 겨울에 더 많이 눈에 뜨였으면 좋겠다.

김영덕 씨의 **누비 두루마기**

서강대학교 물리학과 교수 김영덕 씨는 사시사철 한복을 입고 다니는 이이다. 그래서 그이의 옷장에는 몇 벌 안 되는 양복은 한 켠으로 밀쳐져 있고, 철철이 갈아입을 한복이 꽉 차 있다. 그이는 옷가지들을 거개가 물빨래할 수 있는 천으로 지었다. 어쩌다 한 번 입는 것이 아니고 늘 갈아입어야 하니 집에서 손질하기 편하라고 그랬다.

그렇지만 이번에는 조금 호사를 부려 보았다. 누비 두루마기를 한번해 입을까 궁리하던 김에 알맞은 천을 만났기 때문이다. 그이가 고른 두루마기 천은 능직으로 짠 짙은 밤색 비단이다. 안감으로는 그보다 좀 엷은 밤색 공단을 골랐다. 안감은 천으로 보았을 때는 조금 광택이 나는 듯하였으나 얇게 솜을 두고 골이 배게 누볐더니 광택이 숨어서 훨씬 보기에 좋았다. 본디 광택이 없던 겉감은 빛깔이 더 짙어진 듯 보였다.

누비옷은, 누비는 일은 말할 것도 없고 짓는 데에도 손이 많이 가는 옷이다. 누빈 천의 말라 낸 끄트머리를—누비옷은 먼저 천을 누비고, 그 누빈 천을 마름질하는 순서로 짓는다.—같은 천을 덧대어 호아서 단정히 마무리해 주어야 하기 때문이다. 공이 많이 든 것을 생각해서도 그러려니와 누빔으로 천이 튼튼해졌으니, 김영덕 씨는 이 옷이 오래도록 즐

짙은 밤색 누비 두루마기를 지어 입은 김영덕 씨. 같은 밤색으로 갖신도 갖추어 신었다. (왼쪽)

골을 배게 박은 누비는 솜 둔 모양이 볼록볼록하게 드러난다. 누비옷은 천의 말라낸 가장자리에 같은 천을 덧대어 호아 마무리를 해야 하니 공이 많이 드는 옷이다. (오른쪽)

겨 입어도 해어짐이 덜해 더는 겨울철 두루마기를 짓지 않아도 될 듯하다고 생각한다.

　마고자와 조끼는 두루마기 천보다는 옅은 밤색 공단으로 지었다. 한겨울에 입을 요량으로 지은 옷이니 마고자에는 얇게 솜을 두었다. 단추는 조촐하게 매듭단추를 달았다.

　저고리는 옅은 베이지색 나단으로, 바지도 마찬가지로 옅은 회색 나단으로 지었다. (비단집에서 그리 이름을 부르기는 했으나, 사실은 그 천은 능직으로 된 나단이 아니라 일정시대의 '후지기누'에 가까운 평직 천이었다.) 바지저고리에는 안감을 광목보다는 올이 가는 무명으로 대었고 두루 솜을 두었다. 솜은 둔 듯 만 듯 얇게 펴 두었으나 무명이라 잘 들러붙었다. 또 무명 안감이 힘 있게 받쳐 주니 옷이 늘어지지 않고 도톰하게 살아 올랐다.

누른빛이 도는 듯한 나단
으로 저고리를, 옅은 회색
나단으로 바지를 지어 입
었다. 바지저고리에 두루
무명으로 안감을 대고 솜
을 두었다.

　저고리와 두루마기는 깃을 되게 하여 짓고 한지에 얇은 삼팔 명주를
붙여 만든 옛날식 동정을 달았다. 딱딱한 종이에 화학 섬유로 짠 천을
붙여 만들어 파는 동정은 빛깔도 빛깔이려니와 늘 목을 누르는 듯하고
아프기까지 했는데, 새로 해 단 이 동정은 목둘레를 부드럽고 따뜻하게
감싸 주어 아주 그만이라고 했다.

　이렇게 갖추어 입으니 김영덕 씨는 한복이 우리나라 사람의 체형을
잘 감싸 주는 옷인 줄을 새삼 알겠다고 한다. 아닌 게 아니라, 양복 입은
이의 자세를 딱딱하게 규격화시키는 옷이라면, 한복은 옷이 사람을 누

두루마기를 지은 천보다는 조금 옅은 밤색 공단으로 마고자와 조끼를 해 입었다. 솜을 얇게 펴서 둔 마고자는 옷태도 잘 살아나려니와 장에 넣어 두었다가 꺼내어도 구김이 가지 않는다.

르지 않아 입은 이를 편하고 자유롭게 하는 옷이랄 수 있겠다. 그런데도 한복 편한 줄을 모르는 이들은 거개가 명절이 있는 겨울에나 두어 번 입고 말고는 그런 소리를 하는 이이기 십상이다. 옷이란 늘 입어 몸에 감기는 맛을 익혀야 더 편안하게 여기고 자주 입게 되는 게 순리인데 그런 이일수록 제 옷 길들이지 못한 줄은 모르고 오히려 옷을 탓하기 마련이다. 그런 이들에게 김영덕 씨는 말로만 탓을 하지 말고 옷이 몸을 따르도록 길들이기를 권한다. 길들이는 방법은 자꾸 입어 버릇하는 수밖에 없다.

김희진 씨의 **누비 두루마기**

스물 몇 해째 여문 손끝으로 매듭을 엮어 온 김희진 씨가 누비 두루마기를 곱게 차려입고 나들이에 나섰다.

김희진 씨가 입은 옅은 팥죽색 누비 두루마기는 이태 전에 지어 놓은 옷이다. 처음부터 입을 요량으로 지은 옷이 아니고, 프랑스 파리에서 매듭 전시회를 열 때 서양 사람들한테 우리나라 매듭의 아름다움을 자랑하는 김에 우리 옷이 빼어남을 함께 보여 주고 싶어 한복을 여러 벌 전시했었는데 이 두루마기도 거기에 들었던 것이다.

한복을 짓는 손끝이 보일 옷, 입을 옷을 갈라서 어느 옷을 더 꼼꼼하게 바느질하고 어느 옷을 덜 꼼꼼하게 지을까마는, 그래도 이 누비 두루마기는 각별히 공을 들여 만든 옷이다. 솜을 아주 얇게 두고 골을 촘촘히 두어 골마다 올록볼록하게 솜 둔 모양이 살아 오름을 볼 수 있다. 안 안팎을 같은 감으로 하였고, 천을 마무리할 때는 바이어스를 하는 식으로 제 감을 덧대어서 호았다. 깃이 바투 여며지게 하고 소색 명주와 한지를 붙여 만든 동정을 단 것은 말할 것도 없다.

이렇게 정성스럽게 지은 누비 두루마기는 그 정성만으로도 따뜻함을 느끼겠으나 더 따뜻하라고 솔이라 하는 것을 한번 걸쳐 보았다. 솔을 두

매듭 엮는 솜씨가 뛰어난 중요무형문화재 기능 보유자 김희진 씨가 옅은 팥죽색 누비 두루마기를 입었다. 한눈으로 보아도 옷매무새가 퍽 무르익었음을 알 수 있다.

손수 지은 숄을 걸쳐 보았다. 숄을 두르는 것이 조선시대부터의 전통은 아니지만 일정시대부터 두루 정착되었으므로 어쩌면 그것은 겨울 한복 차림새의 중요한 몫이 되었다고도 할 수 있다.

르는 것이 조선시대부터의 전통은 아니지만 그러고 보면 두루마기 자체도 일정 초기부터 보편화되기 시작한 여자 겉옷이다. 일정시대부터 두루마기 위에 숄이나 여우 목도리, 명주 목도리 같은 것을 두르는 것이 두루 정착되었으므로 어쩌면 그것은 겨울 한복 차림새의 중요한 몫이 되었다고도 할 수 있다. 구름무늬가 언뜻언뜻 보이는 소색 명주 천을 겉감으로 하고 두루마기와 같은 천을 안감으로 하여 솜을 얇게 두어 손수 지은 이 올이, 너비가 조금 넓다 싶어서 반을 접어 둘렀더니 솜을 둔 감촉이 포근포근하게 느껴졌다. 숄의 양 끝에는 두루마기 빛깔에 맞추어 명주실을 물들여서 매듭을 엮고 술을 달았다.

누비 두루마기를 가까이에서 찍었다. 골이 아주 배게 누벼서 올록볼록하게 솜 둔 모양이 드러난다. 천 가장자리를 제 감으로 덧대어 호아서 마무리하였다.

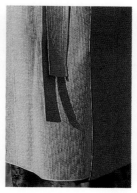

　'도류불수' 무늬, 곧 복숭아·석류·불수의 무늬가 든 치마저고리는 그이가 가장 좋아하고 아껴 입는 옷이다. 이 무늬가 든 천으로 옷을 여러 벌 지어 두었는데 그중에서 흰 저고리와 북청색 치마를 골라 입어 보았다.

　도류불수 무늬는 삼다문, 곧 세 가지가 많기를 비는 무늬이다. 복숭아 무늬는 천년마다 하나밖에 열리지 않는 천도복숭아를 한 개만 먹으면 삼천년 동안 수를 누린다는 중국 설화에서 나온 것으로 장수를 비는 마음에서 즐겨 사용했던 무늬였다. 또 석류는 사내아이를 많이 낳으라는 뜻으로 쓴 무늬이며 불수의 '불'은 중국어 음의 '복'과 통하는 것으로 복을 상징한다 하였다. 이 셋을 합한 도류불수 무늬는 조선시대에 쓰인 길상문으로는 가장 흔했다고 한다. 장수를 누리는 자손을 많이 거느리며 복되게 삶이 그이들이 가장 바랐던 일이었던가 보다. 이처럼 옛사람들은 무늬를 넣을 때 멋으로만 넣지 않고 뜻을 두고 바라는 마음을 거기에 실었으니, 옷을 입을 때에도 그 뜻을 새기며 입었을 터이다.

김희진 씨는 아버지께서 엄하신 덕분에 어려서 늘 한복을 입고 지냈더니 저절로 한복이 몸에 익은 듯하다고 하였다. 그래서 한복을 여러 벌 갖추고 있는데, 그 중에서도 이 흰 저고리는 그이가 각별히 좋아하는 옷이다. (위)

이녁이 손수 엮은 이 '수서각 삼작노리개'는 수놓은 물소 뿔 모양 윗부분을 도래매듭과 가지방석매듭으로 엮은 것인데, 안 옷고름에 차서 매듭 모양은 드러나 보이지 않는다. (아래 왼쪽)

이 '도류물수' 무늬, 곧 복숭아·석류·불수 무늬는 장수를 누리고 자손을 많이 거느리며 복되게 삶을 바라는 뜻으로, 조선시대에 길상문으로 가장 흔하게 쓰였다 한다. (아래 오른쪽)

옛사람들의 멋을 따르는 김에 김희진 씨는 노리개를 한번 차 보았다. 물소 뿔 모양으로 수를 놓은 이 노리개는 그 안쪽에 향을 넣도록 한 향낭의 한 가지로 쓰였다고 한다. 이 '수서각 삼작노리개'는 수놓은 물소 뿔 모양 윗부분에 도래매듭과 가지방석매듭을 맺은 것인데, 안 옷고름에 차는 것이라 하여 그 말을 따랐더니 매듭 모양은 밖으로 드러나 보이지 않았다. 늘어뜨려진 오색 술실 끝부분을 풀칠하여 가지런히 붙여서 그런지 바람이 좀 불어도 크게 흐트러짐이 없이 술실이 찰랑거리는 모양이 보기에 좋았다.

노리개는 조선시대에 독특한 여자들의 패물이었다고 한다. 친정어머니나 시어머니에게서 대물림을 하여 받은 노리개를 소중히 간직하였다가 자손에게 물려 주는 풍습은 그때부터 내려온 듯하다.

노리개는 철에 따라, 또 만드는 재료나 크기에 따라 차는 위치나 방식이 달랐다. 곧 금은 노리개는 주로 가을과 겨울에 사용하였고, 오월 단옷날부터는 옥 노리개나 비취 노리개, 또는 옥장도 같은 한 개짜리 곧 단작노리개를 찼고, 팔월 보름이 되면 세 개짜리 곧 삼작노리개를 찼다 한다.

옛사람들이 하던 모양대로 이녁 손으로 엮어낸 노리개가 한두 가지가 아니건만 김희진 씨는 쑥스러워서 여간해서는 노리개를 차지 않는다고 하였다. 눈에 얼른 뜨이지 않으면서도 은근히 화려한 멋을 풍기는 이 노리개는 1700년대 무렵의 것이라고 짐작되는 창덕궁 유물을 그대로 본떠 만든 것이다.

이렇게 옛 멋을 알고 찾으며 즐겨 따르는 이를 만나는 것은 반가운 일이다. 달이 지나고 해가 바뀌면서 그런 이들이 늘어감을 보는 것은 더욱더 반가운 노릇이다.

교수 유재천 씨의 핫두루마기

이십 세기에 들어서 서양 문물이 막 들어오기 시작할 즈음부터 우리나라 남자들은 우리 옷을 어떻게 입고 다녔을까?

맨살 위에는 바지보다는 강동한 속바지와 저고리보다는 살망한 속적삼을 입고 바지저고리를 입었다. 바지에는 허리끈을 띠고 버선을 신고 대님을 매었다. 대님은 안쪽 복사뼈에서 바지를 한 번 뒤로 접어 발목의 뒤 중심에 바지의 마루폭이 닿도록 해서 그 위에 두 번 돌려 바짓가랑이 쪽에 맨다. 저고리 위에는 양복 조끼를 본떠 1910년쯤부터 지어 입게 된 소지품을 넣을 수 있는 큰 주머니와 작은 주머니가 달린 조끼를 입었다. 또 여름이 아니면 조끼 위에는 본디 만주 사람들의 옷이었는데 대원군이 만주 보정부의 유거생활에서 풀려 나와 귀국할 때 입고 돌아오자 널리 지어 입게 되었다는 마고자를 입었다. 그리고 그 위에 두루마기를 입었다. 팔목에는, 겨울에는 추위를 막고 여름에는 더위를 막는 토시를 끼고 주머니를 차 '중동치레하고'(허리께를 꾸미고) 중절모를 쓰고 신을 신었다.

그적이나 이마적이나 남자들의 우리 옷치레는 그리 변하지 않았다. 다만 몸에 꼭 맞는 양식 내복을 입게 되면서 우리 옷을 입을 적에도 속바지 속적삼은 생략하게 되었고, 버선이나 토시·주머니 같은 실용적이

서울 화동의 정독도서관 안으로 옮겨진 종친부(조선시대에 국왕의 계보를 보관했던
관청) 앞에 감색 수직 실크로 지은 핫두루마기를 반듯하게 차려입고 선 유재천 씨

면서도 호사스런 소품들은 아예 잊혀졌다.

서강대학교 신문방송학과 교수인 유재천 씨가 입은 한겨울 한복을 낱낱이 들추어 보기로 하자.

핫바지(솜을 두어 지은 바지. 핫이란 '솜을 둔'의 뜻을 가진 접두사이다.)와 핫저고리의 겉 천은 공장에서 명주실로 짠 '아' 자 무늬가 반복된 자미사로 지었다. 저고리는 노르께한 흰색으로 하고 바지는 비둘기색으로 했다. 포목점에서 '직광목'이라 부르는 무명천을 떠다가 표백약에 바래되, 좀 누른색이 남아 있게 하여 풀을 해서 다듬어 자미사 핫바지저고리의 안감을 했다. 무명으로 안감을 했으니 감촉이 순해서 속저고리를 생략하는 요즈음에는 두터운 내의를 입지 않고 그대로 핫저고리만 입어도 좋겠다. 핫것이라 맨살에 저고리를 입어도 추위에는 아랑곳없겠으나 소맷부리를 통해서 바람이 들어오는 듯하다면 유재천 씨처럼 솜을 두어 지은 토시를 하면 차가운 바람을 막아서도 좋고 옷맵시 뒷단속도 해주어 좋다.

핫바지에는 핫저고리보다 솜을 좀 두텁게 한 켜 둔다. 핫저고리 위에는 핫것인 마고자와 두루마기를 덧입어야 하니 바지보다는 좀 얇게 솜을 한 켜 두었다.

바지는 바지허리와 바지 앞뒤를 연결하는 마루폭, 그리고 마루폭과 잇대는 어슨폭인 큰사폭과 작은사폭으로 되어 있다. 큰사폭은 바른쪽 마루폭에 잇대야 한다. 그래야 바지허리를 바른쪽으로 한 번 접어 여몃을 때 왼쪽에 있는 큰사폭과 작은사폭이 만나는 솔기가 안으로 숨게 된다. 요즈음에 흔히 하는 식대로 큰사폭을 왼쪽 마루폭에 잇대면 큰사폭과 작은사폭을 잇댄 솔기가 바른쪽에 가게 되므로 바지허리를 여미면 큰사폭과 작은사폭의 솔기가 도드라지게 드러나게 되니 바느질집에 부탁하여 바지를 짓더라도 큰사폭과 작은사폭이 놓이는 자리를 잘 일러두어야 한다.

저고리의 동정은 저고리 천과 같은 '아' 자 무늬가 반복된 흰색 자미사로 속에 한지를 붙여 지었다. 두루마기의 동정도 저고리의 그것과 같다.

대님은 안쪽 복사뼈에서 바지를 한 번 뒤로 접어 발목의 뒤 중심에 바지의 마루폭이 닿도록 해서 그 위에 두 번 돌려 바짓가랑이 쪽에 맨다. 이렇게 단정하게 동인 유재천 씨의 핫바지 바짓부리와 대님께가 돋보인다. 마고자와 조끼는 녹두색 비단으로 지었고, 안감으로는 흰색 공단을 넣었다. 녹두색 비단의 '희' 자 무늬도 빛깔도 매우 전통적이다.

저고리와 두루마기의 동정은 저고리 천과 같은 '아' 자 무늬가 반복된 자미사로 속에 한지를 붙여 지었다.

조끼와 마고자는 녹두색 비단으로 지었고, 그 안감으로 흰색 교직 공단을 넣었다. 녹두색 비단은 요즈음에 공장에서 짜낸 천이지만 '희' 자 무늬도 무늬의 크기도 빛깔도 매우 전통적이다. 조끼는 겹으로 지었다. 마고자는 솜을 둔 마고자이다. 조끼와 마고자의 단추로는 옥 단추를 달았다.

두루마기는 감색의 수직 실크로 겉감을 하고 검정색이 도는 남색 비단으로 안감을 했다. 이것 또한 솜을 두어 지었으되 저고리나 마고자와 마찬가지로 한 켜를 얇게 두었다.

두루마기는 바깥출입을 할 적에 꼭 입어야 하는 예복이다. 집 안에서도 조상 제사 때나 손님을 접대할 때는 두루마기까지 갖추어 입는 것이 우리 예절임을 알아두어야 한다.

토시는 본디 남자들이 쓰다가 조선 후기에 들어서 여자들이 끼게 되었다고 한다. 겨울에는 방한용으로 비단이나 무명이나 교직 들을 겹으로 지어 솜을 두거나 누비로 짓기도 했다. 남자나 여자나 예전에 호사를 하려면 애양털을 안에 넣은 털토시를 꼈는데, 흔히 남색은 남자 것이고

자색은 여자 것이었다고 한다. 여름에는 통풍에 도움이 되게 등나무나 대나무로 엮은 등토시를 많이 꼈다.

교수 유재천 씨가 낀 토시는 저고리 천과 같은 흰색 자미사로 겉감을 하고 저고리 안감과 같은 누른색 무명으로 안을 해서 솜을 둔 방한용이지만, 핫바지로 빈틈없이 무장하고 대님으로 단단히 동인 발목과는 달리 허술히 드러나는 팔목을 감싸고 한겨울 한복 매무새를 마무리해 주는 좋은 액세서리이기도 하다. 더구나 손등을 절반이 넘게 덮으니 외출할 때에 한복에 가죽장갑을 끼는 어쩔 수 없는 잘못을 저지를 필요가 없다.

한겨울에 두루마기까지 갖추어 입었으나 소맷부리를 통해서 바람이 들어오는 듯하다면 유재천 씨처럼 솜을 두어 지은 토시를 하면 차가운 바람을 막아서 좋고 옷맵시 뒷단속을 해 주어 좋다.

조각가 조승환 씨 부부의 **솜두루마기**

매섭게 추운 것이 아니면서도 속이 으스스하니 떨리는 게 11월 날씨다. 가장 옷입기가 애매한 철이 그즈음이니 서울의 미아리에 사는 조승환 씨와 한영자 씨 내외는 한겨울이 들이닥치기 전에 조금 서둘러서 솜을 두어 옷을 지어 입었다. 둔 듯 만 듯 얄팍하게 펴서 솜을 둔 옷을 입으니 바람이 꽤 부는 길에 서 있어도 뜨뜻한 국밥 한 그릇 말아 먹고 난 뒤처럼 속까지 든든한 듯하였다.

조승환 씨는 짙은 감색 수직 실크로 겉감을 하고, 안감은 검은색 공단을 두어 두루마기를 지었다. 마고자와 조끼는 벽돌색 공단으로 지었다. 마고자에는 돌을 덜렁덜렁 달거나 금으로 치장하는 것이 격을 떨어뜨리는 듯하여 매듭단추를 만들어 달았다. 저고리는 소색에 가까운(주단집에서는 흔히 '아이보리색'이라 부른다.) 실크 나단으로, 바지는 비둘기색 실크 나단으로 지었다. 나단은 본디 무명실과 그보다 가는 무명실인 주사를 능직으로 하여 짠 무명을 이르나, 일정시대부터 비단 장수들이 그런 질감의 명주도 그리 부르게 되었다. 광택이 나지 않아 입은 사람을 점잖아 보이게 하는 천이다.

두루마기와 마고자와 바지저고리에 두루 얄팍하게 솜을 두었다.

조각가 조승환 씨 내외가 그의 조각 작품이 있는 서울 관훈동의 성화 빌딩 앞에서 찍었다. 요새 주목을 받는 그의 조각 작품에 나오는 인물상이 흔히 한복을―그러나 단순화되어 얼른 알아보지 못하는―입은 모습이어서도 그랬다. 조승환 씨의 두루마기는 짙은 감색이지만 검정색 명주실을 섞어 짠 천이어서 그늘에서는 검정색으로 보일 듯도 하다.

왼쪽은 마고자를 입은 모습이고, 오른쪽은 조끼를 입은 모습이다. 마고자와 저고리에 솜을 두어 따뜻하기도 하려니와 옷이 도톰하게 올라 옷태가 산다. 저고리에는 무명으로 안을 대었더니 옷을 잘 받쳐 주어 옷에 힘이 있다.

한영자 씨는 붉은 자주 두루마기에 연분홍 저고리, 옅은 팥죽색 치마를 입었다. 두루마기와 치마와 저고리가 서로 빛깔은 다르나 같은 감이다. 주단집에서는 '실크 방초'라고 부르며, 자세히 보면 잔잔한 파초문·모란문·포도문이 들어 있는 명주이다.

치마와 저고리가 동색 계열인 것은 양장 입는 식을 따른 것이기는 하지만 이 저고리는 어찌 보면 흰빛에 가까운 연한 분홍색이니 그런대로 치마 빛깔과 잘 어울린다.

저고리의 도련이 보아 둘 만하다. 한지와 명주를 붙여 만든 동정이 목둘레를 따뜻하게 감싸도록 달고 깃을 바투 여며지게 되게 달았으니 도련선이 너무 처지지 않고 곱게 궁글려졌다. 딱딱해 보이기 쉬운 평도련보다는 닷푼 곧 1.5센티미터쯤 내려가게 하고, 조개도련보다는 한 치 곧

3센티미터쯤 올라가게 하니 그리 되었다. 그리고 겉으로 드러나지 않지만 안고름을 달아 요즈음에 흔히 하듯이 똑딱단추를 달아 억지로 동정 끝이 맞물려 보이게 하지 않고 자연스럽게 만나게 하였다.

두루마기 안감은 남편의 마고자와 조끼를 지은 공단을 뒤집어서 대었다. 조금 광택이 나는 공단을 뒤집으니 그 빛깔은 그대로이나 광택이 없이 착 가라앉은 게 안감으로는 제격인 듯하였다.

한영자 씨도 두루마기와 저고리에 솜을 두었다. 솜 둔 옷은 짓기는 어려우나 입는 이는 여러 가지로 덕을 보는 옷이다. 무엇보다도 그 따뜻하고 포근한 느낌이 양복이나 양장을 할 때의 털외투에 비길 바가 아니다. 그리고 입은 이의 옷태를 살려 준다. 꺾이는 선이 어느 하나 차게 꺾이지 않고 부드럽게 구부러져 보는 이에게도 따뜻한 느낌을 준다. 솜을 둔 옷의 장점은 또 있다. 켜켜로 개켜서 농에 차곡차곡 넣어 두어도 꺼내 보면 접은 자리가 없이 금세 다린 듯이 펴진다. 군데군데 시침으로 솜을 떴으니 세탁소에서 여느 옷처럼 드라이클리닝을 해도 솜이 몰리거나 뭉치거나 하지 않는다.

한영자 씨의 저고리와 조승환 씨의 바지저고리는 안감을 무명으로 대었다. 광장시장에서 '직광목'이라 부르는 천을 떠다가 다듬은 것이다. 우리가 흔히 보는 광목보다는 올이 더 가늘고 옥양목보다는 더 두터운 천이다. 전 같으면 광목을 잿물에 삶아 햇빛에 바래서 풀해 방망이로 다듬었겠으나, 요즈음에야 표백약으로 희게 한다. 먼저 광목천을 두드려 빨아 천에 있던 풀기를 빼고 그것을 표백한다. 표백할 때는 시장에서 파는 것처럼 희게 하지 않고 자연스런 누른빛이 도는 소색이 나게 하였다. 그렇게 한 천을 다시 빨아서 표백약을 우려내고 다시 풀을 하여 다듬는다. 다듬을 때도 손방망이로 하면 시간은 덜 걸리나 천이 너무 얇아지고 빳빳하게 펴져서 뚜꺽뚜꺽하니 이번에는 시간이 좀 걸리더라도 다듬이질로 꼭

무명으로 안을 댄 저고리를 가까이에서 찍었
다. 일정 때까지도 흔히 광목 같은 무명으로
안을 대어 입었으나 요즈음에는 그렇게 해
입는 줄 아는 이가 거의 없다. (왼쪽)

두루마기를 벗고 치마저고리 차림을 한 한영
자 씨. 저고리의 동정이 따뜻하게 목둘레를
감쌌고 도련이 차분하게 놓였다. (오른쪽)

꼭 밟아 부드럽게 되도록 다듬었다. 그렇게 하면 바느질하기에도 좋다.

　일정 때까지만 해도 흔히 광목 같은 무명으로 안을 내어 입었으나 요
즈음에는 그렇게 해 입는 줄 아는 이가 거의 없다. 그 값이 싼 것도 그렇
거니와 무명은 비단보다 만만한 천이다. 무명으로 안을 대면 살에 닿는
감촉이 따뜻하고, 톡톡한 무명이 받쳐 주니 옷이 흐느적거리거나 늘어
지지 않아 힘이 있으며, 솜을 둘 때도 솜이 잘 달라붙는다.

　이렇게 무명으로 안을 대고 솜을 둔 옷들을 한벌 두루 갖추어 놓으면
가을철 옷으로도, 겨울철 옷으로도 어우러지게 입을 수 있으니 앞으로
겨울에 한번 마련해 입을 이들은 조승환 씨와 한영자 씨가 지어 입은 옷
을 한번 따라 봄 직하겠다.

이 씨 집 오누이의 까치두루마기

　지금부터 30년 전쯤에만 해도 설을 쇠려면 아낙네들이 음식보다 더 길게 두고두고 궁리하여 장만하는 것이 그 집 아이들의 설빔이었다.

　섣달이 되면 집안에 모아 두었던 옷감 자투리들을 뒤적여 보고 없는 빛깔 옷감은 포목점에서 자투리를 사다가 우선 색을 갖추어 본다. 길은 연두요, 섶은 노랑이요, 무는 자주인 데다가, 고름과 깃은 남자아이는 남, 여자아이는 자주로 달아야 하니, 색 맞추어 지으려면 혹시나 해서 두었던 이색 저색 자투리들이 여간 반갑지 않았겠다. 게다가 소매 또한 오색 천을 잇대어 박아 색동으로 만들어 지었으니 노랑, 연두, 다홍 들을 이어 박으며 어머니는 새로 맞을 한해에도 우리 자식이 큰 병도 잔 병도 안 앓고 쑤욱쑥 크기를, 그래서 다음 해 이맘때엔 이보다 큼지막한 설빔을 새로 짓게 되기를 내내 바랐을 것이다.

　이렇게 해서 지어진 알록달록한 두루마기가 까치두루마기이다. 섣달 그믐날, 곧 '까치 설날'이 되면 작은집 아이들은 이 갓 지은 때때옷으로 단장하고서 묵은 세배를 드리고 새해를 맞으러 부모와 함께 큰집에 모인다. 이날부터 시작하여 설날 아침 차례 지내고 집안 어른들께 세배 드

릴 때나, 두루두루 세배 다닐 때나, 대보름에 달구경 갈 때나, 정월이 가
도록 어머니가 지은 이 두루마기를 입고 지냈다.

외할머니께서 해 주신 설빔을 입고 오누이가 나란히 섰다. 기문이에게는 벌써 일곱 살
이나 먹었기 때문에 새해에는 부쩍 어른다워지라고 옛날에 그랬듯이 색동 까치두루마
기 대신에 검자주색 두루마기를 입혔다. 누이동생 기임이에게는 의젓하게 맞고름을
매어 입혔다. (왼쪽)

까치두루마기 안에 여자아이는 진분홍 치마에 꽃자주나 다홍으로 회장을 댄 연두색
삼회장저고리를 입는다. (오른쪽)

길은 연두, 섶은 노랑, 무는 자주로 색을 알록달록 갖춘 까치두루마기. 깃과 고름은
남자아이 것은 남, 여자아이 것은 자주로 달리 달았다. 섣달이 되면 지난날의 어머니
들은 집안에 모인 옷감 자투리들을 뒤적여 보고 없는 빛깔 옷감은 포목점에서 자투리
로 사다가 이렇게 살뜰한 설빔을 지어 입혔다. (위)

제대로 설빔을 차려입힌 남자아이의 머리에는 복건을 씌웠다. 복건은 검은색
순인으로 지은 쓰개이다. 위는 둥글고 뾰족하게 만들었으며 뒤에는 넓고
긴 자락을 늘어지게 대고 양옆에는 끈이 있어서 뒤로 돌려 매게 되어
있다. 금박으로 길한 문자나 무늬를 박은 테가 둘러져 있다. (왼쪽)

까치두루마기는 설날말고도 돌을 맞은 아이에게 지어 입히던 옷이다. 이 까치두루마기는 여름에 돌을 맞은 아이에게 입혔던 것이라 얇은 갑사 홑겹으로 되어 있다. 고름이 남색이니 돌쟁이는 남자아이임을 알 수 있다.

　서울 성북동 이 씨 집의 기문이, 기임이 남매는 세배 다니면서 입으라고 외할머니께서 해 주신 설빔을 차려입었다. 치마저고리나 바지저고리야 한두 번 입어 본 적이 있지만 그 위에 두루마기까지 점잖게 빼어 입어 보기는 난생에 처음인지라 반쯤은 으쓱하고 반쯤은 쑥스러운 거동을 한다. 기임이는 고름을 평범하게 맸으나, 다섯 살 먹기 전까지의 어린아이에게는 까치두루마기의 고름을 좀 더 길게 달아서 뒤로 한 번 돌려 매어 입히는 법이다. 기문이는 새해에는 부쩍 어른다워지라고 옛날에 그랬듯이 색동 까치두루마기 대신에 검자주색 두루마기를 입혔다. 검자주 두루마기는 본디 어른들이 동지 제사 모실 때에 입던 옷이다.

　기문이와 기임이 남매가 입은 약식 설빔에 견주어 보면 예로부터 어머니가 설날에 아이들에게 차려입히던 본디의 설빔은 그보다 가짓수가 많다. 까치두루마기 안에 남자아이는 남색 대님을 맨 연보라 바지에 남색 고름을 단 연분홍 저고리를 입었다. 저고리 위에는 남색 조끼를 입고 초록 길에 색동 소매를 단 마고자를 입었다. 여자아이는 진분홍 치마에 꽃자주나 다홍으로 회장을 댄 연두색 삼회장저고리를 입었다. 남자아이를 제대로 차려입히자면 까치두루마기 위에 전복을 입히고 가슴에는 전대띠를 둘러 매어주었으며 머리에는 복건을 씌웠다. 전복은 본디 무관복에 드는 옷인데, 어린아이가 씩씩하고 용감하게 자라야 한다는 뜻에서 설날이나 돌날에 까치두루마기 위에 입혔다고 한다. 복건은 검은색 순인으로 지은 쓰개이다. 위는 둥글고 뾰족하게 만들었으며 뒤에는 넓고 긴 자락을 늘어지게 대고 양옆에는 끈이 있어서 뒤로 돌려 매게 되어 있다. 금박으로 쌍희 자를 비롯한 길한 문자의 무늬를 박은 테가 둘러져 있는데 검은 바탕이라 금박이 한결 돋보인다. 여자아이는 머리에 조바위를 썼다. 조바위는 검정 또는 검자주색 비단 겉감에 검정이나 남색의 목면이나 비단으로 안을 해 넣어 겹으로 만들었으며 정수리가 둥글게 뚫려 있다. 이마 위와 양옆에 금·은·비취 따위로 만든 '목숨 수' 자, '복복' 자 같은 글자의 장식을 붙이고 앞뒤에 술을 달았다. 앞은 이마에 닿고 두 귀는 가려져 정면에서 보면 쓴 모양새가 퍽 예쁘다.

까치두루마기는 여러 가지의 단순한 빛깔이 맞대어져 있어도 그 빛깔끼리 서로 싸우지 않고 산뜻한 조화를 이루어내어 그야말로 '꼬까옷'이란 말에 맞갖은 명절옷이다. 게다가 이 원색 두루마기의 아름다움을 돋구는 숨은 치장이 하나 더 있으니, 그것은 박쥐 단추이다. 박쥐 단추란 깃고대 중심과 양쪽 끝에 심는 장식을 일컫는다. 혹시 한복집에서 지어 온 까치두루마기의 깃고대에 박쥐 단추가 심어져 있지 않다면 빨간빛 명주 조각을 찾아내어 지금이라도 손수 만들어 심을 수 있다. 올해로 여든 살인 이씨 부인의 가르침을 들어 보자. 빨간빛 명주 헝겊을 3센티미터 폭으로 길게 잘라 물을 묻힌 엄지와 검지 끝으로 양쪽에서 돌돌 말아 들어간다. 딴딴하게 잘 말아져서 양쪽에서 말아 온 것이 딱 부딪치면 말린 것이 위로 오도록 꺾어 빨간 명주실로 4밀리미터나 5밀리미터쯤의 아래를 꽁꽁 동여맨다. 그렇게 해 놓고 동여맨 윗부분을 살살 벌리면 마치 두 날개를 편 박쥐 모양처럼 된다. 연두 저고리의 꽃자주 깃고대 밑

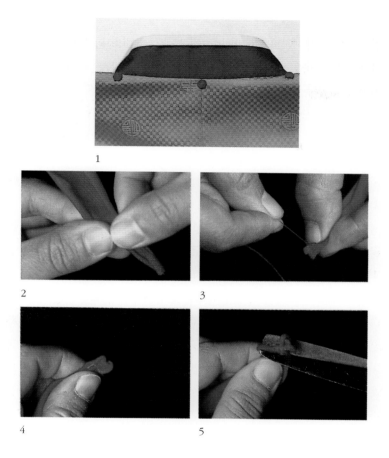

1

2

3

4

5

1. 연두 저고리의 꽃자주 깃고대 밑에 바짝 숨게 심긴 박쥐 단추는 앙증스러운 장식이기도 하려니와 잡귀를 멀리 쫓아 준다는 뜻도 들어 있다. 박쥐 단추는 까치두루마기의 색스러움을 한결 돋구는 숨은 치장이다.
2. 빨간빛 명주 헝겊을 3센티미터 폭으로 길게 잘라 물을 묻힌 엄지와 검지 끝으로 양쪽에서 돌돌 말아 들어간다.
3. 딴딴하게 잘 말아져서 양쪽에서 말아 온 것이 딱 부딪치면 말린 것이 위로 오도록 꺾어 빨간 명주실로 4밀리미터나 5밀리미터쯤의 아래를 꽁꽁 동여맨다.
4. 명주실로 동여매고 돌돌 말린 데를 다시 펴면 그 모양이 박쥐처럼 보인다.
5. 동여맨 아래를 가위로 바짝 자른다.

에 바짝 숨게 심긴 박쥐 단추는 앙징스러운 장식이기도 하려니와 잡귀를 멀리 쫓아 준다는 뜻도 들어 있다. 예로부터 박쥐가 '목숨 수' 자와 함께 비단 무늬로 잘 쓰였던 데도 그런 뜻이 있었을 듯하다.

앞에서도 말했거니와 까치두루마기는 본디 집안에 모인 옷감 자투리들을 적절히 쓰기도 할 겸 아이 호사도 시킬 겸 해서 어머니가 아이들에게 지어 입히던 옷이었다. 자식 사랑이 손수 이어 박은 색동에 서리서리 스민 까치두루마기를 입은 아이는 "새해에 복 많이 받아라"라는 더러 흘려듣게 되는 덕담보다 백 곱절이 더 진한 어머니의 새해 기원을 입고 정월에 한길을 누볐을 것이다. 요즈음에야 어른들조차 한복 지어 입는 일이 뜸하니 집안에 까치두루마기 짓기에 쓰일 감을 구메구메 갖출 만큼 자투리가 모일 턱도 없으려니와 가는 해 마무리에 옷 짓는 일이 끼어들 만큼 한가할 틈도 없다. 그러나 남의 손을 사서라도 장만해 줄 수만 있다면 어릴 적부터 전통 옷의 매무새를 몸에 배어들게 하는 방도가 될 것이다. 다만, 바느질집에 맡겨 아이에게 까치두루마기를 지어 입히려거든, 바쁜 세상이라 빠뜨렸기 십상인 박쥐 단추라도 손수 꼭꼭 심으며 아이의 건강한 한해를 빌어 보았으면 한다.

이은이와 수혜와 진성이의 돌옷

돌잡이 세 명의 돌옷을 지어 보았다.

옛날에는 흔히 어른들의 옷을 짓고 난 자투리를 색색으로 모아 아이 옷을 짓되 모자라는 천은 천 가게에 가서 자투리를 사다 지어 입혔다. 서울에서라면 요즈음에도 광장시장에 가면 자투리 천을 파는 집이 있다. 여기에 소개하는 세 명의 옷 중에서 이은이와 진성이의 옷은 그렇게 자투리 천을 끊어다 지은 옷들이다.

돌옷을 잘 차려입은 이은이와 수혜와 진성이

당의를 입고 조바위를 쓴 이은이. 당의
의 앞 두 자락이 곱게 포개져 놓였다.

　이은이는 색동으로 소매를 단 노랑 저고리에 다홍 치마를 입었다. 여
자아이에게는 저고리를 대개 연두색이나 노란색의 천으로 하고, 돌이나
명절 같은 특별한 날에는 색동저고리를 입혀 아이를 곱게 꾸몄다. 그럴
때도 저고리의 깃과 고름은 자주로 달았다. 이은이의 옷고름은 아이 것
치고는 긴 편이다.

　치마저고리 위에는 자주로 깃, 끝동, 고름과 안고름을 단 연두색 당의
를 입었다. 당의는 본디 궁중에서만 입었던 의례복이고 일반 서민들은
입지 않는 옷이었으니, 요즈음에 돌을 맞은 여자아이에게 당의를 입히
는 풍습은 그리 오래지는 않은 듯하다. 다만 요즈음에 흔히 시장에서 파
는, 소매도 깃도 고름도 없이 조끼처럼 생기고 금박을 덕지덕지 입힌 당
의는 그 연유가 어디에 있는 것인지 알 수 없는 옷이다.

색동 소매를 단 노랑 저고리의 깃과 고름은 자주로 달았다. 아이 옷이라도 너무 달뜬 빛깔보다는 이렇게 차분한 빛깔이 좋아 보인다. 저고리 밑으로 옥양목으로 댄 치마허리가 살짝 엿보인다.

머리에는 검정 공단으로 지어 오색 술을 단 조바위를 썼다. 조바위는 한말쯤에 선을 보인 여자의 방한 모자인데, 어른이 쓰는 것은 술을 다는 일말고는 거의 치장을 하지 않지만 아이에게 씌울 때는 수를 놓거나 금박을 입혀 화려하게 꾸미기도 한다. 조바위가 일반화되기 전에는 '아얌'이란 것을 쓰게 하거나 굴레를 씌우기도 했다.

수혜가 입은 돌옷은 수혜 어머니 김소현 씨가 손수 지어 입힌 것이어서 또 특별나다.

수혜도 색동 소매를 단 노랑 저고리를 입었다. 깃과 고름은 주홍으로 해 달았다. 치마는 꽃분홍색 홑치마인데 아이 옷이어서 뒤를 트지 않고 통치마로 지었다. 또 속치마도 갖추었으나 아이가 입고 벗는 일을 한 번이라도 줄이려고 겉치마의 안쪽에 붙여 달았다. 그 안에는 조

색동저고리에 꽃분홍색 치마를
입었다.

끼 허리를 댄 연분홍 풍차바지를 입었다. 풍차바지는 여자아이이거나
남자아이이거나 똥오줌을 가리지 못하는 어린아이에게 뒤를 트고 뒤
로 여미게 하여 입히는 바지이다. 빛깔은 흔히 연분홍이나 연보라 같
은 옅은 색으로 하며, 바짓부리에 대님을 붙박이로 달아 붙인다. 수혜
가 입은 당의도 연두색이다. 제 깃, 제 고름을 달고 소매 끝에는 흰색으
로 거들지(한삼)를 대었다. 이렇게 지은 당의는 옛날에 궁중에서 입었
던 유물을 그대로 본뜬 것이다. 당의의 안고름에는 주머니를, 겉고름
에는 투호 삼작노리개를 찼다. 수혜가 쓴 조바위에는 수를 놓고, 다홍
천에 금박을 입힌 댕기를 드렸다. 그리고 당의의 곁에 수놓은 돌띠를
둘렀다. 돌띠에는 색색으로 만든 작은 주머니 열두 개를 조롱조롱 매
달았는데, 이는 한 해의 열두 달을 뜻한다고 하며, 그 안에는 본디 오곡
을 넣는다고 한다.

제 어머니가 손수 지어 준 돌옷을 입은 수혜. 연두색 당의 깃과 고름을 제 색으로 달고
소맷부리에는 흰 천으로 거듭지를 달았다. 표정이 아주 깜찍하다.

분홍 저고리와 연보라색 풍차바지에 남색 조끼를 입은 진성이. 저고리에 남색으로 긴
고름을 달아 한 번 돌려 매게 하고, 뒤를 튼 풍차바지에는 조끼 허리를 달고 대님을 바
짓부리께에 붙박아 달았다.

왼쪽은 초록색 마고자를 입은 모습이고 오른쪽은 그 위에 분홍색 두루마기를 입고 전복과 복건을 갖추어 입은 모습이다. 전복에는 깃고대 중심과 양쪽 끝, 양쪽 겨드랑이, 자락이 터진 데 세 군데 해서 모두 여덟 군데에 박쥐 단추를 심었다.

　남자아이가 입는 옷은 여자아이들의 옷에 견주어 훨씬 더 가짓수가 많다. 진성이는 긴 남색 고름—저고리를 빙 둘러 동여매게 하느라고 길게 한 겉고름으로 '돌띠'라고도 한다.—을 단 연분홍 저고리에 대님을 붙박은 연보라색 풍차바지를 입고, 그 위에 남색 조끼와 초록색 마고자를 입었다. 그 곁에는 저고리와 마찬가지로 긴 남색 고름을 단 연분홍 두루마기를 입었다. 돌이나 명절에는 아이에게 이렇게 연한 빛깔 천으로 해 입히기도 했다.

　두루마기 위에 얇은 남색 숙고사로 지은 전복(쾌자)을 입고, 등과 끝에 금박을 입힌 다홍 전대를 둘렀다. 이 전대는 남자아이가 띠는 돌띠이다. 머리에는 검정 숙고사로 지어 쌍희 자 무늬와 길한 문자 무늬로 금박을 입힌 복건을 썼다.

　아이 옷을 화려하게 하느라고 금박을 입히기는 해도 옛날에는 옷이

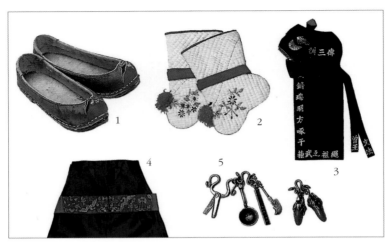

1. 일정시대쯤의 돌잡이 신   2. 손으로 누비고 수놓은 타래버선   3. 호랑이를 본떠 만든 호건   4. 수놓아 전복에 붙박은 돌띠(동예헌 소장품)   5. 조선시대의 돌잡이 주머니 장신구. 가위·다리미·자·인두 장식은 여자아이 것이고, 고추는 남자아이 것이다.

금박으로 꽉 차도록 해 입히질 않았다. 본디 금박은 궁중에서만 쓰였으니 서민들은 함부로 쓰지 못했던 탓도 있었겠다. 그러나 너도나도 금박을 입힐 수 있게 된 요즈음에라도 꼭 삼가서 써야지 그렇지 않으면 옷이 천해 보이기 십상이다.

돌날에 아이에게 특별한 것이 또 하나 있다. 누비버선의 양 볼에 수를 놓고 코에는 색실로 술을 단 타래버선이 그것이다. 버선의 뒷목 끝에 남자아이 것이면 남색 대님, 여자아이 것이면 홍색 대님을 붙여 달아 버선이 벗겨지지 않게 하였다.

아이에게 이렇게 곱게 때때옷을 지어 입힐 때 꼭 유념해야 할 것이 있다. 아이 옷은 특히 깃이 바투 여며져야 하고 소매 폭이 좁아야 예쁘다. 그리고 고름이 치렁치렁하면 아이에게는 거추장스러울 뿐이니 여미는 기능을 중시하여 짧고 좁게 다는 게 좋겠다.

박진성 씨와 박소현 씨의 설빔

한복집을 하는 윤종연 씨는 새해를 맞으며 그의 아들딸에게 설빔을 한 벌씩 지어 입혔다. 먼저 아들 박진성 씨의 옷을 보자. 바지저고리는 솜을 얄팍하게 둔 다듬이 명주로 지었다. 그 위에 입을 마고자와 조끼는 자주색 물을 들인 손무명으로 지었다. 마고자 안감으로는 보라색 명주를 넣었다. 두루마기는 비둘기색 물을 들인 명주 두 겹 사이에 솜을 한 겹 넣은 뒤에 명주실로 촘촘히 누빈 누비 두루마기이다. 딸 박소연 씨는 흰 무명 겉감에 명주 안감을 넣은 저고리와 쪽색 홑무명치마를 입고 연한 녹두빛 무명에 옥색 명주 안감을 넣은 두루마기를 입었다. 저고리는 자주색 명주로 끝동과 깃, 고름을 단 반회장저고리이다.

설이 들어 있는 정월은 길에서 한복 입은 이를 가장 빈번하게 만나게 되는 철이다. 그러나 그중에는 1년 만에 호사한답시고 어깨에 흉배 비슷한 장식을 얹고, 치마와 저고리 고름에는 금박이나 은박을 박고, 거기다가 수까지 찬란하게 놓은 호화찬란한 설빔들이 가득하다. 오색이 어우러진 색동저고리만 해도 그렇다. 예전에야 가라앉은 노란색, 연두색, 자주색 같은 천을 손으로 이어 박아 색동천을 만들었으니 그 빛깔끼리 한데 섞여도 서로 싸움이 없었으나 요사이의 색동천은 그렇지 못하다.

박소현 씨의 두루마기는 연한 녹두빛 무명에 옥색 명주 안감을 넣어 지었
고, 박진성 씨의 두루마기는 비둘기색 명주 두 겹 사이에 솜을 두어 명주실
로 촘촘히 누벼 지었다. (왼쪽)

설빔을 지을 때는 그저 겨울 정장을 한 벌 마련하는 셈으로, 명절 기분이 부
추기는 대로 호화 찬란한 빛깔만 고르지 말고 겨울 어느 날에나 입어도 쑥
스럽지 않을 만한 빛깔 천을 골라 지어야 자주 꺼내어 입게 된다. (오른쪽)

명주 누비 두루마기와 무명 두루마
기를 가까이에서 찍었다.

아예 천에다가 톡 쏘는 듯이 밝디밝은 노랑, 다홍, 연두 들을 차례로 물들인 색동천도 있으니 그런 천으로 소매를 단 색동저고리를 보느라면 마치 문방구에서 파는 값싼 포장지로 옷을 해 입은 듯하다. 스물이 넘은 여자라면 예전의 의복 예절로 보더라도 색동옷을 입을 나이는 아니다. 그러니 색동 설빔말고 그저 겨울 정장을 한 벌 마련하는 셈으로 겨울 어느 날에나 입어도 쑥스럽지 않을 만한 빛깔 천을 골라 옷을 지어 입어 보자.

박진성 씨의 마고자나 박소현 씨의 저고리, 두루마기가 따랐듯이 무명 겉감에 명주로 안감을 넣는 법은 예부터 겨울옷 짓기의 전통적인 방법에 든다. (다만 명주 안감에 짙은 보라색 물을 들인 것은 전통이라고 할 것까지는 없고 윤 씨가 시험 삼아 해 본 현대적인 시도이다. 전통대로 하자면 소색 그대로의 명주거나 살짝 옥색 물을 들인 명주를 안감으로 넣어야 한다.) 그

다듬은 명주에 솜을 둔 바지저고리 위
에 조끼만 입은 박진성 씨

리고 그런 옷 짓는 법이 천맛을 제대로 알았던 옛사람들의 허식 없음과
지혜로움을 요새 사람들에게 일러 준다. 질박한 손무명 두루마기 자락
이 겨울 바람에 살짝 날릴 때 드러나는 명주 안자락의 맵시도 맵시려니
와 겉감으로는 날리지도 않고 몸가짐 편할 손무명을, 안감으로는 따스
하고 손맛 고운 명주를 택해 두루마기를 지은 것 같은 법은 비단만 상품
으로 아는 요즈음의 한복 풍습이 반드시 되돌아보아야 할 전통이다.

박진성 씨의 다듬이 명주에 솜 둔 바지저고리는 그 태깔이나 따뜻함
이 남자의 겨울 옷차림으로는 으뜸이다. 옷 짓기 전에 공들여 다듬는 동
안에 명주 올이 도톰하게 살이 올라 올 사이가 메워지게 한 데다가 사이
에 솜을 두어서 한겨울에 입어도 바람이 몸으로 스미지 않는다.

교사 임길택 씨 식구의 설빔

강원도 정선의 산골에 있는 봉정 분교에서 아이들을 가르치는 임길택 씨가 식구들과 함께 서울 큰댁에 와서 설빔을 차려입었다.

한해 내내 벼르다가 설빔을 지어 입을 때 천을 어떤 빛깔로 고르는 것이 좋을까? 흔히 명절 기분이 부추기는 대로 달뜬 화려한 빛깔 천을 고르기 쉽다. 그러나 그렇게 옷을 지어 한두 번 입고는 여느 때에 친지를 방문하거나 예의를 차릴 자리에 입고 나서기가 쑥스러워 장롱 깊숙이 묻어 두고야 만 적이 있을 것이다. 그런 이들에게 임 씨네 식구들이 골라 지어 입은 옷 빛깔을 눈여겨보라고 권하고 싶다.

임길택 씨는 짙은 밤색 솜두루마기에 옅은 녹두색 마고자와 조끼를 해 입었다. 저고리는 아이보리색으로, 바지는 옅은 회색으로 지었다. 바지저고리에 두루 옛날에 하던 식을 따라 무명 안감을 대고 목화솜을 두었다.

부인 채진숙 씨는 남편의 마고자와 같은 빛깔인 옅은 녹두색 양단으로 두루마기를 두어 지었다. 이리하여 입으면 설빔도 되거니와 곱게 가라앉은 차분한 녹두색이니 이른 봄옷으로도 손색이 없겠다. 치마저고리는 두루마기와 무늬가 같은 미색과 쑥색의 양단 천을 골라 지었다. 저고리에 무명 안감을 대고 솜을 두기는 남편과 마찬가지로 하였다.

설빔을 입은 임길택 씨와 그 식구들 옷 빛깔이 가라앉은 얌전한 색이어서 전통도, 현대 감각도 거스르지 않는 것은 말할 것도 없거니와 옷매무새도 구석구석 옛사람들이 입던 식을 따랐다.

두루마기를 벗은 모습. 차분하게 가라앉은 옷 빛깔이 얼핏 눈에 들지는 않아도 볼수록 입은 이의 기품을 드러내 준다.

울밑, 빛이랑 오누이의 설빔도 그 빛깔과 옷매무새가 여느 아이들 설빔과는 남다르다.

빛이랑은 연한 팥죽색 천에 무명으로 안을 대고 솜 둔 바지저고리를 입고 짙은 가지색 천으로 지은 조끼와 마고자를 입었다. 천으로만 보았을 때는 아이에게는 좀 가라앉은 빛깔이다 싶었으나, 입은 모양을 보니 뜻밖에도 깜찍하여 이런 빛깔이 아이에게도 썩 잘 어울려 보인다. 검자주 두루마기는 예전에는 어른들이 동지에 제사를 모실 때 입던 옷이다.

새봄에 2학년이 되는 누나 울밑('울밑'처럼 빛을 많이 모으라는 뜻으로 지은 이름이라 한다.)은 키가 쑥쑥 크는 바람에 지난해 설에 입었던 치마저고리가 껑뚱해져서 더는 못 입을 성싶어 혼자 속으로 마음을 많이 졸였다. 울밑이가 새로 입은 옷은 옅은 배추색 천에 자주로 깃과 끝동, 고름을 대고 솜 두어 지은 반회장저고리와 가라앉은 다홍색 치마에 까치

임길택 씨와 채진숙 씨가 지어 입은 옷가지들은 요즈음 흔히 입는 것보다는 깃 너비와 동정은 넓고, 고름 너비와 소매 너비는 좁다.

두루마기까지 곁들였다.

까치두루마기는 돌날이나 명절에 자투리 천을 모아 색스럽게 지어 아이를 호사시키던 어머니의 정성이 담뿍 담긴 옷이다. 연두 길과 노랑 섶에 자주 무를 대고 소매는 색동으로 하여 여자아이에게는 자주로, 남자아이라면 남색으로 깃·고름·끝동을 대어 입힌다. 그리고 다섯 살배기 아래 아이에게는 긴 고름을 더 길게 하여 한 번 돌려 매게 한다. 울밑은 이제 아홉 살이나 되었으니 그리 하지 않고 그저 맞고름을 대어 지었다.

여러 가지 단순한 빛깔끼리라도 서로 싸우지 않고 어우러져 아이를 깜찍하게 보이게 하는 까치두루마기에는 숨은 치장이 하나 있다. 예전에 어머니들은 섣달그믐에 아이에게 입힐 까치두루마기를 지으면서, 새해에도 아이가 아픈 데 없이 잘 크라고 잡귀를 멀리 쫓는다는 박쥐 단추를 꼭꼭 박아 심었다.

자줏빛 두루마기를 입은 동생 빛이랑과 까치두루마기를 입은 누나 울밑 (위)

울밑이 입은 까치두루마기에 박아 심은 박쥐 단추, 자주 깃고대 아래에 앙증맞게 숨어 있다. (아래)

임길택 씨 식구들의 옷 빛깔이 가라앉은 얌전한 빛깔이어서 전통을 거스르지 않는 것은 말할 것도 없거니와 가만히 살펴보면 옷매무새도 구석구석 옛사람들이 입던 식을 따랐음을 알 수 있다. 이렇게 제대로 갖추어 입고 고향에 내려가면 정선의 노인들은 옛날 법도를 잘 따르고 아이들도 잘 건사하는 젊은이들을 모처럼 만났다고 무척이나 흐뭇해할 터이다.

김씨 부인과 그 딸들의 설빔

서울의 대조동에 사는 김재숙 부인과 그의 딸 셋이 설빔을 차려입었다. 김씨 부인은 한복이거나 양복이거나 위아래를 같은 무난한 빛깔로 해 입기를 좋아한다. 그래서 겨울에 입을 만한 한복이 몇 벌 있으나 치마와 저고리가 같은 빛깔이라 설에 입기에는 어쩐지 쓸쓸해 보인다 싶어 전통 한복의 격식에 따른 반회장저고리와 치마를 새로 맞추어 입었다. 화려한 옷차림을 싫어하는지라 천을 끊으면서 마음에 드는 빛깔을 고르려고 매우 애를 썼다.

요새는 양복은 말할 것도 없으려니와 한복도 빛깔이 달떠 있는 것, 곧 명도가 높은 것이 흔하다. 그러나 예부터 혼인한 여자는 옷 빛깔도 가라앉은 빛깔로 택해 품위를 지켰다. 그리고 설빔이라 해서 명절 기분 낸다고 하여 빛깔의 품위를 생각 안 하고 지어도 되는 것으로 아는 것은 잘못이다.

전통 복식을 연구하는 유희경 씨도 설빔의 빛깔로 여자나 남자나 너무 자극적이고 화려한 빛깔을 고르는 일을 삼갔으면 한다고 말한다. 그의 말에 따르면 전통 한복에는 노란빛은 송화 다식색, 곧 달걀노른자보다도 더 침착하게 가라앉은 빛깔이, 다홍빛은 검은 기운이 도는 가라앉

여느 치마가 세 폭 치마임에 견주어 이 치마는 반폭을 더 대어 치마폭을 풍성히 하고 허리에 잔주름을 잡았다.

은 다홍빛이, 연둣빛은 녹두껍질 빛이 제격이라 한다.

그렇게 제빛을 띤 천으로 옷을 지으면 다홍 치마에 노랑 저고리가 결코 야해 보일 턱이 없는데, 밝디밝은 다홍색 천으로 치마를 지어 입고 그 위에 샛노란 저고리를 입으니 톡 쏘는 빛깔끼리 서로 싸울 수밖에 없다.

김씨 부인은 짙은 남색 양단을 치맛감으로, 은행색 양단을 저고릿감으로, 짙은 자주색 곧 대추색 양단을 옷고름과 깃의 감으로 골라 끊었다. 본디 전통 한복에서 자주색 옷고름은 그 옷 입은 이의 남편이 살아 있음을 뜻하고, 남색 끝동은 아들을 두었음을 뜻한다고 한다. 그의 시어머니가 젊었을 적에 늘 그렇게 저고리를 지어 입다가 그의 남편이 세상을 떠난 뒤부터는 자주 고름을 달지 않고 입었노라며 며느리에게 한복 빛깔이 뜻하는 바를 늘 일러두었기에 김씨 부인은 이번에 옷을 지을 적에 그 말대로 따라 보았다. (그러나 남편이 아직 살아 있고 아들을 둔 부인이라 하더라도 그가 입은 저고리 깃 빛깔이 자주색이면 끝동도 자주색을 다는 법이라고 한다.)

김씨 부인의 치마를 잘 살펴보면 치마폭이 잘 빠진 항아리 모양을 내고 있어 돋보이는 것을 알 수 있다. 여느 치마가 세 폭 치마인 데에 견주어 이 치마는 거기에 반폭(85센티미터인 이 양단 폭의 절반)을 더 대어 치마폭을 풍성히 하고 허리에 촘촘하게 잔주름을 잡아 지어 그런 모양을 냈다. 치마를 마름질할 적에 아랫부분만 넓게 말라 서양의 드레스 모양으로 치맛자락이 뻗치는 신식 한복 치마와는 달리 이 치마는 허리는 보기 좋게 부풀고 밑부분은 얌전히 오므라져 휘감긴 소담한 맵시를 낸다.

본디 아이들의 설빔은 일부러 새 천을 끊어다가 짓기보다는 어른 옷을 뜯어 새로 물들여 짓든지 집에 모아 두었던 자투리 천들을 적당히 이용해서 짓던 옷이었다. 그렇게 이 천 저 천을 모아 짓던 아이들 설빔으로 연두 길과 노랑 섶에 자주 무를 이어 박고 소매를 색동으로 단 까치

김씨 부인과 그의 딸 셋의 설 차림. 이제는 색동저고리 입힐 때는 지났으므로 저마다
좋아하는 빛깔을 고르라 하여 지어 입혔다. 아이들이 어릴 적에는 막내딸은 언니들이
지난해에 입었던 설빔을 물려받아 입기도 하기 십상이었으나 얼마 전부터는 딸 셋이
다 그만그만하게 커 버려서 옷들을 서로 바꾸어 입는 처지이니 설빔을 물려 입힐 수가
없어 세 딸 설빔 마련하기가 버겁다고 김씨 부인은 말했다.

김씨 부인과 그의 막내딸. 연두 저고리에 다홍 치마의 빛깔 조화는 아직 혼인 안 한 여자나 막 혼인한 새댁들이 옷 지을 때 보편스레 택한다. 김씨 부인의 옷 빛깔에 견주면 딸의 옷 빛깔은 좀 밝은 편이다. 김씨 부인이 이 옷 지을 천을 고를 때는 피했음 직한 빛깔이나 아이에게 입히니 고와 보인다.

두루마기를 들 수 있겠다. 또 색동저고리나 까치두루마기를 입히기에는 제법 커 버린 열 살 넘은 아이들이라면 여자아이는 삼회장저고리와 치마를 입히고 남자아이는 적당한 빛깔로 바지저고리, 마고자를 지어 입혔다.

김씨 부인의 딸들도 이제는 색동저고리 입힐 나이는 지났으므로 저마다 좋아하는 빛깔을 고르라 하여 지어 입혔다. 아이들이 어릴 적에는, 막내딸은 언니들이 지난해에 입었던 설빔을 물려받아 입기도 하기 십상이었으나 얼마 전부터는 딸 셋이 다 그만그만하게 커버려서 옷들을 서로 바꾸어 입는 처지이다. 설빔을 물려 입힐 수가 없어 세 딸 설빔을 한 번에 마련하기가 어렵다고 김씨 부인은 말했다.

딸들의 옷 빛깔은 좀 명도가 높은 편이다. 맏딸은 노랑 저고리에 분홍 치마를, 둘째 딸은 연분홍 저고리에 진분홍 치마를, 셋째 딸은 연두 저고리에 다홍 치마를 입었다. 김씨 부인이 이녁 옷 지을 천을 고를 때에는 피했음 직한 빛깔이나 아이들에게 입히니 그런대로 고와 보인다.

김정민 씨의 **설빔**

김정민 씨의 두루마기는 연두록색 양단으로 지었다. 안감은 연살구색 공단으로 하고 명주솜을 두었으니 핫두루마기이다.

치마저고리는 자미사로 겉감을 해서 얼핏 보기에 추운 겨울에 입기는 좀 얄팍한 듯하나 뜯어 보면 그렇지 않다. 저고리는 희게 바래기는 했지만 소색인 광목으로 안감을 하고 명주솜을 두었으니 그 위에 핫두루마기를 덧입으면 포근한 맛이 있어 웬만한 추위쯤은 넘길 수 있다. 치마는 노방으로 안감을 하고 광목으로 끈허리를 했다. 김정민 씨는 봄이 되면 이 짙은 쪽빛 치마에 송화색 저고리나 살구색 저고리를 따로 지어 입을 요량을 하고 있다.

그이가 입은 저고리를 자세히 살펴보기로 하자. 끝동과 고름, 곁마기에는 검자주색 자미사로 회장을 댔으니 삼회장저고리이다. 삼회장 색으로는 본디 처녀는 붉은 자주색을 썼고, 나이가 들어갈수록 가라앉은 자주색을 썼다고 한다. 마흔 살이 넘으면 검자주색으로 삼회장을 대고, 쉰 살이 지나면 저고리에 삼회장을 대는 것을 지나친 치레로 여겼다고 한다.

김정민 씨는 처녀이지만 그 격식에서 살짝 비켜서 검자주색으로 삼회장을 댔다. 그리고 좀 더 산뜻하고 야무져 보이라고 깃까지도 회장을

두루마기를 입을 적에 치마는 허리를 잘 감싸고 오른쪽 선단을 왼쪽으로 바짝 치켜올린 뒤에 허리끈으로 잘끈 동인다. 그러면 두루마기 밑으로 항아리 밑 모양과 같은 치마 맵시가 나온다. 두루마기 무를 터서 낸 아귀에 양손을 살짝 넣은 김정민 씨는 매무새가 마치 나비 같다. (앞)

풀치마 입는 법은 조선시대에는 노론 집안인가 소론 집안인가에 따라서 달랐다. 그러나 해방 뒤부터는 흔히 치마의 왼쪽 선단을 안으로 넣고 오른쪽 선단을 겉으로 해서 왼쪽으로 여며 입는다. (왼쪽)

댔다. 짙은 쪽빛의 치마와 어울려 단정하면서도 은근한 멋이 있다. 삼회장저고리는 경사스러운 예식 때 예복으로 입었다.

한국 복식사를 연구하는 유희경 씨에 따르면 흔히 깃·끝동·고름·곁마기에 모두 회장을 낸 것을 삼회장저고리라고 하지만, 예전에는 깃에 회장을 다는 것은 염두에 두지 않았고 끝동·고름·곁마기 이 세 곳에 회장을 달았다고 해서 삼회장저고리라고 한단다. 또 곁마기는 조선시대 초기에는 저고리의 겨드랑이 쪽 길에 달아 팔을 내리면 가려져 보이지 않게 달았다고 한다. 그 뒤에 정조 때부터 곁마기가 저고리의 진동을 거쳐 소매로 내려왔다. 그래도 그때의 삼회장 모양은 요즈음 삼회장저고리의 곁마기가 소매의 끝이 있는 데까지 내려오고 높이가 어깨 끝까지 올라간 기형적이고 되바라진 모양이 아니다. 적어도 한국전쟁쯤까지 삼회장저고리를 입은 여염집 여자들의 사진을 보면 삼회장저고리를 입김정민 씨는 다홍색 양단으로 제비부리댕기를 지어 드렸다. 본디 다홍색이란 홍색을 세 번 들여야 나온다고 하니 그 빛깔은 침착하고 가라앉은 홍색이다. 머리털을 세 모숨으로 갈라 꽁꽁 땋아 내린 뒤에 댕기를 드린 그이의 뒤태가 곱다.

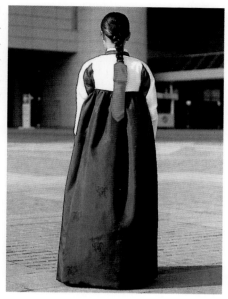

고 팔을 내린 모양은 자주색 곁마기가 살짝 보일락 말락 하는 조심스런 모양새였다.

　요즈음 삼회장저고리의 곁마기가 과장되게 표현되었더라도 그 모양이 아름답다면 굳이 옛것만을 고집할 필요는 없겠다. 그러나 요즈음 짓는 식대로 지은 삼회장저고리와 고름과 곁마기가 좁고 간단한 토박이 삼회장저고리를 견주어 보면 어느 것이 더욱더 현대적인지는 자명해진다. 요즈음 만든 것이라 해서 모두 현대 감각에 맞고 현대적인 것은 아닌 것이다. 전통적인 삼회장저고리를 지어 입어 보면 가장 현대적이게 보일 수 있다.

　김정민 씨는 머리를 땋아 댕기를 드렸다. 그이가 드린 댕기는 제비부리댕기이다. 댕기는 삼국시대부터 남녀를 구분하지 않은 머리 장식이었다. 얹은머리, 쪽찐머리, 상투머리에도 댕기를 사용했었지만 머리를 땋아 뒤로 늘어뜨리고 댕기를 드리는 것은 혼인하지 않은 남자와 여자만이 했다. 그래서 혼례 뒤에 동무들을 불러 한차례 잔치를 벌이는 것을 '댕기풀이'라고 했다.

총각들은 짧고 폭이 좁은 흑색 포목댕기를 단순하게 늘어뜨렸지만 처녀들이 드린 댕기는 크기가 나이에 따라 달랐다. 또 댕기에 화려하게 금박을 박기도 했고 댕기 고에 옥판이나 옥나비 또는 칠보 나비를 붙이기도 하였다. 그러나 여염집 처녀들이 흔히 드렸던 댕기는 다홍색 양단으로 아무런 장식도 없고 양쪽 끝이 제비부리 모양으로 생겼다 해서 그리 이름 붙여진 넓적한 띠 모양의 제비부리댕기였다. 김정민 씨는 다홍색 양단 제비부리댕기를 만들어 드렸다.

본디 댕기머리를 땋으려면 빗질을 하기 전에 동백기름이나 들기름을 흠뻑 바르고 머리털이 마르기를 기다렸다가 빗질을 했다. 그렇게 하면 머리털에 윤기가 돌 뿐만 아니라 땋은 머리를 오래도록 간직할 수 있다. (할머니들은 기름을 발라 빗질을 하면 비듬이 없어진다고 말하기도 한다.) 머리를 땋을 적에도 양쪽 귀 위로 귀밑머리를 땋아 뒤에서 머리털을 세 모습으로 갈라 꽁꽁 땋아 내리다가 댕기를 물려서 쌓은 뒤에 댕기 고를 만들고 모양을 바로잡았었다.

김정민 씨가 드린 댕기는 머리를 땋을 적에 같이 물려 땋지는 않고 뒤에 올려 붙였다. 댕기가 짧아서 그랬다. 예전에도 댕기가 짧으면 그렇게 위에 올려붙이기도 했다 한다.

조선시대에 여자들 방한용 머리쓰개로 널리 쓰였던 아얌이나 그 뒤에 나온 조바위가 요즈음 다시 빛을 보는 듯하다. 그러나 그런 아얌, 조바위, 남바위, 풍차, 만선두리 같은 방한용 쓰개들을 처녀들은 쓰지 않았다. 대개 부인네들이 쓰던 것이다. 처녀들에게는 머리털을 세 모습으로 갈라 꽁꽁 땋아 내린 뒤에 댕기를 드린 댕기머리가 가장 어여쁘다.

정애라 씨의 설빔

양장을 제대로 할 줄 아는 이는 한복도 잘 차려입을 줄 안다는 것은 한복으로 겨울 정장을 한 정애라 씨를 두고 한 말이다. 그는 평소에 한복보다는 양장을 입을 때가 훨씬 더 잦고 양장을 멋있게 입을 줄 안다는 칭찬을 적잖이 듣는데, 그런 한편으로 어쩌다가 한 번 입는 한복 차림도 그에게는 어색함이 없다.

그가 새로 지어 입은 치마저고리와 두루마기는 설빔으로 특별히 마음먹고 맞춘 옷 일습이다. 저고리는 분홍색 명주 천, 치마는 검자주색 명주로 지었고 저고리와 같은 천을 두루마기 안감으로 썼다.

두루마기 천이 특이하다. 손으로 짠 명주인데, 굵기가 고른 검정색 날실을 거칠고 우툴두툴한 흰색 씨실이 가로지르게 짠 천이라 그 질감이 매끈하지가 않은 것이 오히려 세련된 느낌을 주고 검정 실과 흰 실이 섞여 자아낸 빛깔도 흔치 않은 빛깔이다.

목줄 명주, 또는 북데기 명주라 부르는 예로부터 내려오는 명주가 있다. 그 천은 누에고치의 거친 거죽 부분에서 자아낸 올을 씨로 하여 짠다. 그 천이 주는 질박한 느낌이 정 씨의 두루마기 천에 가깝다. 말하자면 이 두루마기 천은 신식 북데기 명주라 할 수 있다.

그의 두루마기는 명주 두 겹 사이에 누에고치 둘레에서 나온 거친 명

두루마기 밑으로 보이는 치마폭은 잘 빠진 항아리의 아래쪽처럼 되어야 두루마기 선과 잘 어울린다. (왼쪽)

이번에 새로 지어 입은 저고리는 분홍색 명주 천, 치마는 검자주색 명주 천이다. 저고리를 지은 천이 얇고 보드라워 두루마기의 안감으로도 썼다. (오른쪽)

주실을 타서 만든 풀솜이 얄팍하게 놓여 있다. 두루마기의 앞길 옆에 이어 댄 부분을 '무'라고 부른다. 본디 두루마기는 앞뒤의 무 이음새를 적당한 위치에서 손이 들어갈 만큼 터서 추울 때 손을 넣도록 되어 있고 주머니는 없다. 양복에 길든 사람이 두루마기를 입으면 손수건 따위의 자잘한 소지품을 넣을 데가 없어 양복 주머니 생각이 난다. 그래서 이 두루마기는 무를 튼 안쪽으로 작게 주머니를 붙여 달아 그런 불편을 없앴다.

날이 너무 추워 목이 허전한데 그렇다고 해서 아무 목도리나 둘둘 감아 두를 수는 없으니 무얼 두르면 좋을까? 흰 명주 목도리를 두르거나 털목도리라면 빛깔이 두루마기 빛깔과 싸우지 않는 것을 두르는 게 좋다.

　한복의 가장 큰 맵시는 깃에 있으니, 좀 예스럽게 지으려면 저고리이거나 두루마기이거나 깃을 너무 늦지 않게―요새 사람들의 눈에 보아서 좀 밭은 듯하다 싶은 게 오히려 전통 한복의 제대로 단 깃 맵시에 가깝다.―달도록 옷 지을 적에 바느질집에 당부하여야 한다. 그리고 저고리 위에 두루마기를 입은 뒤에는 거울 앞에 서서 저고리 깃과 두루마기 깃이 어긋남 없이 잘 포개지게 입었는지 한번 살펴보는 것이 좋다.

　날이 너무 추워 목이 허전한데 그렇다고 해서 아무 털목도리나 둘둘 감아 한복 입은 분위기를 망칠 수는 없고 하여 무얼 둘러 허전함을 덜까

검정색 날실을 흰색 씨실이 가로지르게 짠
두루마기 천의 질감이 특이하다. (오른쪽 위)

옛 여자들이 비녀 옆에 찌르고 다니다가 빗
소제할 때에 썼다고 하는 산호로 만든 빗치
개이다. (오른쪽 아래)

풀솜을 고정시키느라 명주실로 시치미를
떴다. (왼쪽)

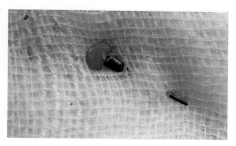

궁리하던 정애라 씨는 깃 위에 손으로 느슨하게 짠 흰빛 털목도리를 두
르기로 했다. 그리고 그 목도리가 깃 맵시를 가린 억울함을 메우느라 그
위에 산호 빗치개를 하나 꽂고 다닌다. 빗치개는 쪽 찌고 비녀를 꽂던
옛 여자들이 비녀 옆에 찌르고 다니다가 빗 소제할 때에 썼다고 하는 장
식품이다. 그에게 산호로 만든 옛 빗치개가 하나 있으나 쓸데가 없어 두
어 두었던 터에 느슨하게 짠 털목도리에 꽂으니 조촐한 장식 옷핀처럼
안성맞춤이라 그의 골동품 하나에 쓰임새가 생긴 셈이다.

두루마기는 양쪽의 무가 좀 옆으로 뻗치는 듯한 실루엣을 만든다. 그
러므로 그 밑으로 보이는 치마폭은 잘 빠진 항아리의 아래쪽처럼 되어
야 두루마기 선과 잘 어울린다. 두루마기를 입을 때는 그런 치마 모양을
내기 위해 치마를 잘 감싸 허리띠로 묶어 주는 것도 잊지 않도록 한다.

안씨 부인이 입은
양단 치마와 나단 저고리

서울의 성북동에 사는 희주 어머니한테는 치마가 하나 있었다. '목숨 수' 자 무늬가 든 진한 감색 나단으로 지은 치마였다. 천의 빛깔과 질감도 좋은 데다가 요새는 좀처럼 보기 힘든 큼직큼직한 무늬가 오랜만에 장롱에서 꺼내어 보니 반가운 마음에 더욱 좋아 보여서 그 치마를 도로 개켜 보자기에 싸 두기가 안타까웠다. 그렇다고 스무 해도 넘게 예전에 입던 치마를 다시 입자니 어쩐지 옷태가 전 같지가 않은 듯해서 망설여졌다. 그래서 그 치마를 들고 궁리하다가 그는 그 치마 천을 써서 저고리를 두 벌 지었다. 그리고 그 저고리에 매화 무늬가 든 양단 치마를 받쳐 입고 다닌다. 희주 어머니 대신에 청담동에 사는 안희경 씨가 입어 보인 치마저고리가 바로 그 옷이다.

얼핏 보기에 연한 빛 치마 위에 진한 빛 저고리를 입어 옷의 위아래 빛깔이 바뀐 듯한 느낌을 준다. 그러나 평도련으로 지은 얄팍한 저고리의 빛깔이 미치는 범위가 치마 폭보다 훨씬 작으니 이런 빛깔의 조화도 무리한 것은 아니며 오히려 산뜻한 맛도 있다.

반듯한 전통 한복의 매무새만 제대로 지켜 옷을 짓는다면 빛깔의 선

옛날 치마 천을 써서 새로 지은 치마 저고리를 입은 안희경 씨 (앞)

진한 감색 나단 치마 천을 이용하여 지은 저고리. 해묵어 옷태가 전 같지가 않아 그대로 입기가 썩 마음에 내키지 않던 치마가 이 새 저고리로 탈바꿈을 했다. 그 천으로 이 저고리말고도 고름 안 단 저고리 하나를 더 지었다.

택은 눈썰미만 있다면 입을 이 마음에 따라도 되는 수가 많다. 한복이라하여 꼭 한 벌로 맞추어 그 치마에 그 저고리만 입을 게 아니니 같은 치마에 저고리만 바꾸어 입어도 보고 하여 변화를 주는 것도 한복과 친해지는 방법에 든다.

치마 하나로 저고리를 둘을 지으면 저고리 하나는 고름 달아 지을 수있으나 또 하나는 고름감이 안 나오니 매듭단추를 달아 입는다. 또 소매도 천이 부족하면 끝동을 이어 짓는다. 안희경 씨가 입은 저고리도 끝동을 이어 박아 지었다.

이 기회에 묵은 저고리 고쳐 입는 법 하나를 알아두자. 장롱에서 오랜만에 꺼내어 보니 저고리의 깃과 섶에 얼룩이 있어 빠지지 않는다거나깃과 섶이 너무 좁아 좀 넓었으면 싶은데 천이 없으면 어떻게 할까? 그럴 때는 고름을 떼어 그 천으로 깃과 섶을 새로 지어 달고 고름 대신에

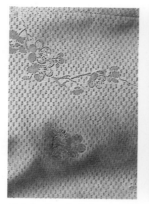

치마와 저고리 천에 든 무늬를 가까이에서 찍었다. 왼쪽은 치마를 지은 천으로 매화 무늬가 든 양단이고 오른쪽은 저고리를 지은 천으로 '목숨 수' 자가 든 나단이다. 저고리 빛깔이 진한 감색이고 치마는 연분홍색이라 얼핏 색을 거꾸로 맞춘 듯하다.

매듭단추를 달면 고민이 해결된다.

늘 드라이클리닝 집에다 맡겨 세탁하던 비단 저고리를 집에서 빠는 방법도 알아두자. 드라이클리닝은 옷의 모양을 망가뜨리지 않는 안전한 세탁법이기는 하나 옷의 빛깔을 바래게 하고 때를 말끔히 빼내지 못하는 단점이 있다. 게다가 세탁소에서 쓰는 기름이 질이 덜 좋은 것이거나 여러 번 쓴 기름일 때는 더욱 그렇다.

드라이클리닝에 지친 옷은 아예 솔기를 뜯어 빨아 보자. 미지근한 물에 샴푸를 풀어 살살 비벼 빤 뒤에 짜지 말고 그늘에 넣었다가 꾸덕꾸덕 마르면 뒤집어 다리미로 다린다. 그런 뒤에 바느질집에 그 천을 맡겨 안감을 새로 넣어 지으면 때가 쏙 빠진 새 옷이 된다. 주단집에 철철 넘치는 것이 비단이라 천 귀한 줄을 모르고 크는 아이들에게도 그렇게 정성들여 옷 손질하는 어머니 모습을 보는 것이 큰 공부가 될 것이다.

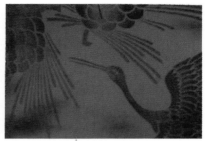

옛날 비단들에 든 무늬를 몇 가지 골라 찍었다. 왼쪽은 기쁠 희, 목숨 수 자와 구름이 어우러졌다. 오른쪽의 천에는 학무늬가 들었다. 학은 청렴 고결과 장생을 상징하는 새인지라 여자 옷보다는 남자 옷의 무늬로 잘 쓰였다. 아래의 천에는 모란이 들었다. 꽃무늬로 가장 많이 쓰인 것에 모란꽃이 든다. 모란꽃에 더러 가지 모양으로 변화를 주고 당초를 곁들이기도 하여 여자 옷감 무늬로 즐겼다.

　　요새 천은 호화롭고 고와 보이기는 하나 옛날 천만큼 깊은 맛이 없다. 천에 싸인 무늬만 하더라도 예로부터 천에 즐겨 넣던 수, 복, 희 같은 글자 무늬나 국화, 난초, 매화, 석류 같은 친근한 무늬들이 사라진 것은 아니나 본디 모습을 많이 잃었다. 그리하여 몇몇 주단집에서는 굳이 옛 천이나 옛 옷을 구해다가 그것을 견본 삼아 잃어 버린 무늬들을 다시 천에 짜넣으려고 애쓰고 있다. 그러니 장롱 서랍에서 잠자던 묵은 옷은 꺼내어 활용하기에 넉넉한 가치를 지녔음을 잊지 말고 그렇게 재워 둔 옷 있나 오늘 당장 장롱을 뒤져 보자.

홍 씨 집 부인의 갖저고리

추울 때 입는 우리 전통 옷가지에는 어떤 것들이 있을까? 지금은 겨울이면 젊은 사람들까지도 든든히 껴입는 것이 흉이 될 것이 없지만 예전에는 젊은 사람들은 웃어른 앞에서 두툼히 입고 지내는 일을 면구스러워했다. 겨울에 추위막이로 입던 갖저고리나 머리에 쓰던 남바위, 손에 끼던 토시 따위도 그러므로 노인들이나 어린아이들을 위한 것이었다고 해도 거의 틀림이 없다. 그리고 서울을 중심으로 할 때 그 아래 지방에서보다는 평안도나 함경도 같이 겨울이 맵게 추운 북쪽 지방에서 이런 추위막이 옷가지들을 많이 지어 입었다고 한다.

잘저고리는 북쪽 지방에서 한겨울 추위에 저고리 위에 껴입어 추위를 막던 옷이다. 잘저고리의 '잘'이란 검은 담비의 털가죽을 일컫는 말로서 털 밑둥이 누렇고 끝이 검자줏빛을 띤 고급 털가죽이다. 그런데 이 담비의 털가죽을 포함해서 애양털이나 토끼털을 비롯한 동물의 털가죽을 기름을 빼고 부드럽게 만들어서 옷 안에 댄 추위막이 저고리를 통틀어 '갖저고리'라고 부른다. 곧 잘저고리는 갖저고리의 한 가지라고 함이 옳으나 때로는 두 말이 거의 섞여 쓰이기도 한다.

서울 명륜동에 있는 홍 씨 집의 부인이 지어 입은 갖저고리. 겉감은 은방견으로 작은
네모꼴의 무늬가 생기도록 짠 양단이다. 이 갖저고리를 짓는 데 두 마에서 두 마 반쯤
의 은방견이 들었다. 안에는 감쳐서 이은 애양털을 열대여섯 조각쯤 대어 붙였다.

갗저고리말고도 '배자'라고 하여 저고리 위에 덧입는 조끼처럼 생긴 옷이 있다. 배자는 털을 안에 댄 점은 갗저고리와 같으나 소매가 없고 앞섶이 똑같이 마주 닿아 있으며 고름이 달려 있지 않다. 배자의 특별한 맵시는 빳빳한 기운이 있는 녹비, 곧 사슴의 털가죽으로 가장자리를 조로록 돌아가며 테를 둘러 모양을 낸 데 있다. 개성에서는 이 따뜻한 등가리개를 '어깨때기'라고 불렀다고 한다.

저고리 위에 갗저고리를 입었을 때 머리에는 남바위를 많이 썼다. 여자의 남바위는 검자주색이나 남색 비단으로 지었고, 안감은 무명이나 비단을 넣었으며, 가장자리에는 검정색 털을 둘러대었다. 앞쪽은 이마를 덮고 뒤쪽은 귀를 거쳐 목과 등을 내리 덮게 하였다. 또 '볼끼'라고 하여 뺨과 턱을 감싸 주는 간단한 추위막이가 있다. 볼끼는 안에 솜을 두든지 털가죽을 대고 가장자리에 털로 테를 둘렀으며, 저고리 안고름 같은 끈이 양쪽에 달려 있어서 머리 정수리 위에서 잡아매게 되어 있다. 색은 남색이나 자주색을 흔히 썼다. 볼끼는 주로 평민들이 많이 사용하였으며, 노인들은 남바위를 그 위에 덧쓰기도 하였다.

안팎은 공단이고 안에 토끼털을 댄 토시들

옥수동에 사는 여든 살의 이규숙 부인이 장롱 깊숙이 간수해 두었던 갖저고리. 이씨 부인의 시어머님께서 지으셨고 시할머님께서 입으셨던 옷인데, 지은 지 100해가 가깝게 되었다고 한다. 안에는 중국에서 가져온 토끼털을 넣었으며 겉감은 모본단이다. (위)

배자는 저고리 위에 덧입는 조끼처럼 생긴 옷이다. 털을 안에 댄 점은 갖저고리와 같으나 소매가 없고 앞섶이 똑같이 마주 닿으며 고름이 달려 있지 않다. 개성에서는 이 따뜻한 등가리개를 '어깨때기'라고 불렀다고 한다. 전에는 배자를 맵시 나게 지으려면 빳빳한 기운이 있는 녹피, 곧 사슴의 털가죽으로 가장자리에 테를 두르기도 했다. (아래)

갖저고리를 입을 때는 팔에 토시를 끼면 잘 어울린다. 무명이나 비단에다가 안에 털을 대고 털로 테를 두른 겹토시는 찬 바람으로부터 손을 따뜻하게 가려 줄 뿐만 아니라 갖저고리를 돋보이게 하는 장신구 구실도 한다.

갖저고리는 저고리 위에 덧입는 옷이므로 팔길이, 품, 길이가 모두 저고리보다 넉넉하여야 한다. 팔길이는 손등이 살짝 덮이게, 품은 안에 입은 저고리 품이 편안하게, 특히 길이는 저고리보다 여덟 치나 아홉 치만큼 길게 내려오게 잡는다. 평양에서는 길이가 허리까지 내려오도록 지어 입기도 했다.

서울 명륜동에 사는 홍 씨 집의 부인이 입은 갖저고리는 자주색 은방견 겉감에다가 애양털을 댄 것이다. 은방견은 작은 네모꼴의 무늬가 생기도록 짠 양단으로, 양단 가운데에서도 매우 따뜻한 감이라서 예전에 평양을 비롯한 북쪽 지방에서 많이 짜서 옷을 지어 입었다. 갖저고리 한 벌을 짓는 데 이 은방견이 두 마에서 두 마 반쯤, 곧 180센티미터에서 225센티미터쯤 들었다.

갖저고리를 지으려면 우선 홑겹 비단에다가 광목을 대어 안감 없는 저고리를 짓는다. 다만 안에 댄 광목의 테두리만을 한 치 나비로 돌아가며 대어 박아 뒤집어 둔다. 나중에 털과 광목을 맞붙이고 나면 도련, 끝동, 깃 안쪽에 털 밑으로 이 테 두른 비단만이 보이게 된다. 동정, 섶까지 다 달고 나면 광목을 댄 온전한 홑겹 양단 저고리가 지어지는 셈이다.

구한말이나 일본 제국주의 시대까지만 해도 지금의 서울 안국동에서 화신 앞에 이르는 전통 거리에는 '모전'이라고 해서 가지가지의 털들을 갖추어 놓은 가게들이 늘어서 있었다. 앞에서 말한 광목을 댄 저고리를 모전에 맡기고 어느 털을 넣어 달라고 하면 그곳에서는 원하는 털을 여러 조각 이어 저고리 모양대로 넣어 주었다. 털을 이을 때는 무명실

갖저고리 안에 털을 댈 때는 한 치 나비만큼 들여다가 대기 때문에 털의 끝부분만이 옷 밖으로 나온다. 깃 위로 알맞게 곱슬거리는 애양털이 보기가 좋다.

갖저고리는 저고리 위에 덧입는 옷이므로 팔길이, 품, 길이가 넉넉하여야 한다. 팔길이는 손등이 살짝 덮이게, 품은 안에 입은 저고리 품이 편안하게, 특히 길이는 저고리보다 여덟 치나 아홉 치만큼 길게 내려오게 잡는다.

안에 댄 애양털은 도련을 보기 좋게 테 둘러 준다. 한겨울에 눈이라도 펄펄 날리면 도련 밑으로 살짝 나온 흰 털의 테가 한결 돋보일 것이다.

홍 씨 집 부인의 갖저고리 안에 댄 털은 애양털이다. 애양털은 예로부터 갖저고리 만드는 데는 가장 좋은 털로 꼽았다. 새끼 양의 털이라서 가죽이 얇고 한 마리에서 나오는 털 조각이 자그마하다. 애양털은 털이 희고 꼬불꼬불할수록 좋은 것이라고 한다.

로 촘촘히 감치는데 무명실은 매끄럽지 않아서 가죽을 꼬매기에 적당하다. 말하자면 모전에서는 갖추어 두었던 털을 이어 붙여서 털로 된 저고리 안감을 지었던 셈이다. 그 털가죽에 찹쌀풀로 풀칠을 하여 털이 아래로 누이게 하여 가죽을 광목 안감에 붙이면 갖저고리가 완성된다.

홍 씨 집 부인의 갖저고리 안에 댄 털은 애양털이다. 애양털은 예로부터 갖저고리 만드는 데는 가장 좋은 털로 치던 것인데 새끼 양의 털이라서 가죽이 얇고 한 마리에서 나오는 털 조각이 자그마하다. 갖저고리 한 벌을 지으려면 애양털 열대여섯 조각이 든다. 애양털은 털이 희고 꼬불

꼬불할수록 좋은 털이라고 하는데 안에 댄 털이 양단 겉감의 도련과 끝동, 깃 밖으로 알맞게 곱슬거리면 썩 보기가 좋다. 구한말까지는 만주에서 이 털을 들여다가 갖저고리를 지어 입었다. 그러나 지금은 애양털은 구하기도 힘들 뿐더러 값도 비싸니 굳이 애양털이 아니라도 토끼털 따위를 써서 지어 입을 수 있다.

갖저고리 안에 댄 털은 어떻게 손질해야 오래도록 깨끗하고 보송보송한 채로 간수하며 입을 수 있을까? 『규합총서』에 적힌 털 간수하는 법을 보면 이렇다.

"담비 털이나 쥐 털 같은 것은 가는 대나 반반한 막대로 살살 무수히 털을 두드려 볕뵈기를 자주 하여야 털이 빠져 상하는 일이 없고, 두드리지 않으면 비록 자주 햇볕에 쏘이더라도 장마를 지나면 털이 빠진다."

털이 때가 타서 거뭇거뭇해지면 쌀이나 찹쌀을 물에 담가 불린 다음에 빻아서 고운 가루를 내어 흰 무명 장갑을 낀 손으로 묻혀 털을 부비면 보송보송한 채로 털의 때를 뺄 수가 있다.

동물의 털을 써서 겨울옷을 짓되, 그 털을 겉으로 드러내어 자랑하지 않고 그 따뜻함만을 취한 것은 옛사람들의 옷 짓기의 미덕이라 할 만하다. 웃어른 앞에서는 한겨울이라도 얇게 입어야 마음이 편하던 옷 예절을 따르던 시절은 지났으니 젊은 사람들도 누비 파카 대신 갖저고리 한 벌쯤 지어 입어 봄 직하다. 한겨울에 눈이라도 펄펄 날리면 도련 밑으로 살짝 나온 흰 털의 테가 한결 돋보이는 겨울 옷차림이 될 것이다.

김명혜 씨의 치마저고리와 장옷

　장옷은 조선시대에 부녀자들이 외출할 때 제 얼굴과 몸을 감싸 감추기 위해 머리에서부터 내리쓰던 옷으로, 그 모양은 두루마기와 크게 다를 바 없다. 장옷은 조선시대 초기에는 본디 남자가 입는 겉옷, 곧 '포'에 드는 옷가지였다고 한다. 그랬던 것이 조선조 말기에 이르러 의복 제도가 간소화되면서 남자의 포는 두루마기가 대신하게 되었고, 장옷은 여자가 얼굴 가릴 때 쓰는 쓰개로서의 역할만 하게 되었다. (물론 장옷이 남자들의 '포' 노릇을 하던 이조시대 중기까지도 여자들은 쓰개용으로 장옷을 입었다.)

　장옷말고도 쓰개치마, 너울, 면사, 천의, 삿갓 같은 것들이 저마다 시대와 지방이 조금씩 다를 뿐이지 모두 여자들의 얼굴을 가리기 위해 존재했던 쓸거리들이다. 쓰개치마, 너울, 면사, 천의 들은 그 모양이 장옷이나 크게 다를 바가 없다. 삿갓은 서북 지방에서 고안된 얼굴 가리개이다. 그 지방은 남도에 견주어 천을 구하는 일이(게다가 장옷 한 감은 만만치 않은 분량이다.) 쉽지가 않아 갈대로 깊고 넓게 퍼진 고깔 모양의 삿갓을 만들어 쓰고 다녔다. 너울은 고려시대부터 있었던 얼굴 가리개이다. 고려시대에 여자들은 바깥에 나가려면 말을 타고 너울을 써야 했다고 한다. 너울은 그 역사가 가장 오래된 만큼 앞을 보기 위해 눈언저리는

단국대학교 석주선 기념박물관의 고증을 받아 지은 장옷을 입은 김명혜 씨. 장옷으로
제대로 얼굴을 가리면 눈동자 반쯤하고 코끝밖에는 뵈지 않는다.

김명혜 씨는 장옷의 본디 쓰임새는 말고 아름다움만 취하고 싶어 그것을 이렇게 어깨에 걸치고 다녀 볼 생각을 한다. (왼쪽)

장옷을 쓴 뒷모습. 흰 거들지를 댄 끝동이 잘 보인다. (오른쪽)

빠끔히 내놓을 수 있는 장옷과는 달리 얼굴 부분에 망사 같은 천을 대어 앞이 보이게 짓는 따위로 장옷보다도 더 완벽하게 얼굴을 감추도록 되어 있다.

그런 얼굴 가리개 노릇을 1910년 언저리의 개화기에는 우산이 대신하기도 했다. 학교에서 신학문 배우는 여자들에게 쓰개치마나 장옷 따위의 사용을 금지하자 학교에 나오는 학생 수효가 줄어들고 시비가 분분하니 몇몇 학교에서는 검은색 우산을 학생들에게 하나씩 나누어 주어 그것으로 맨얼굴 내놓으면 변이라도 날 줄 아는 학생들을 달랬었다 한다. 그 우산이 개화 바람이 세어짐과 함께 멋내는 도구로 쓰이게까지 이르러 뒤에는 부인들은 회색 우산, 기생은 무늬가 있거나 수를 놓은 검정 우산을 멋 삼아 쓰고 다니기도 했었다고 한다.

두루마기에는 없는 장옷의 특징을 들자면 두
루마기보다 장옷이 품이 넓어야 하므로 앞섶
이 하나씩 덧달렸고, 동정이 널찍하고 겨드
랑이 밑에 작은 무가 있고, 고름이 이중 고름
이며 끝에 흰 거들지를 댄 것이다.

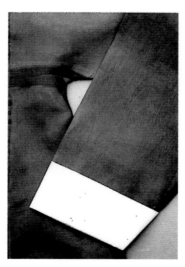

김명혜 씨는 장옷 속에 살구색 저고리에 자주색 치마를 입었고 목공단으로 겹속저고리, 단속곳과 겹바지를 지어 속옷으로 챙겨 입었다.

김명혜 씨가 이번에 단국대학교 석주선 기념박물관의 고증을 받아서 1837년에 어느 양반집 아낙이 입던 장옷을 그대로 본뜬 장옷을 한 벌 지었다.

녹색 항라에 노방으로 안감을 대었고, 깃은 자주이고 끝에 흰색 거들지를 달았다. 앞서도 말했듯이 장옷은 두루마기와 모양이 거의 다를 바가 없다. (또 실제로 이 장옷을 두루마기처럼 입는 일도 있었다고 한다. 지방에 따라서는 장옷을 혼례복으로 입기도 하고 함 받는 날 새색시의 어머니 되는 이가 입기도 했었다는 말도 있다.) 두루마기에는 없는 장옷의 특징을 들자면 두루마기보다 장옷이 품이 넓어야 하므로 앞섶이 하나씩이 덧달렸고 동정이 널찍하여 머리에 썼을 때 이마에 둘러지게 되어 있으며, 겨드랑이 밑에 깃 빛깔로 세모꼴의 작은 무를 단 것, 고름이 두 가지 빛깔의 이중 고름인 것, 흰 거들지를 끝동에 댄 것이다.

김명혜 씨는 앞으로 나들이할 때 장옷을 머리에 쓰지 않고 두루마기를 입은 모습에 가장 가깝게 양장의 케이프(망또)처럼 어깨에 걸칠 참이다. 그러나 장옷으로 얼굴 단속을 제대로 하면 앞을 보기에 꼭 필요한 눈동자 반쯤 숨 쉴 코끝만 나오게 된다.

김명혜 씨는 장옷 속에 살구색 저고리에 자주색 치마를 입었고 목공단으로 겹속저고리, 단속곳과 겹바지를 지어 속옷을 챙겨 입었다. 항라 장옷의 빛깔과 치마의 빛깔 조화도 전통 그대로 따랐다. 속옷 말기로 가슴 동여매고 홑치마를 잘 모양내어 받쳐 입고 장옷까지 입었으니, 이 차림을 거의 흠 잡을 데 없는 조선시대 여자 나들이 차림으로 보아도 되겠다.

빛깔있는 책들

민속(분류번호:101)

고미술(분류번호:102)

불교 문화(분류번호:103)

음식 일반(분류번호:201)